Messung mechanischer Schwingungen

(Dynamik der Schwingungsmeßgeräte)

Von

Dr.-Ing. habil. Karl Klotter

Professor an der Technischen Hochschule Berlin,
Leiter der Abteilung Mechanik des Vierjahresplan-Instituts
für Schwingungsforschung

Mit 80 Abbildungen

Berlin
Springer-Verlag
1943

ISBN-13: 978-3-642-89955-3   e-ISBN-13: 978-3-642-91812-4
DOI: 10.1007/978-3-642-91812-4

Alle Rechte, insbesondere das der Übersetzung
in fremde Sprachen, vorbehalten.

Copyright 1948 by Springer-Verlag OHG. in Berlin.

Vorwort.

Die Schwingungsmeßgeräte darf man für die meisten Zwecke mit genügender Genauigkeit als Systeme von einem Freiheitsgrad ansehen. Die in dieser Schrift erörterten Fragen gehören demnach zur Dynamik des einfachen Schwingers und somit in das Stoffgebiet, das ich im ersten Band meiner „Einführung in die Technische Schwingungslehre"[1] behandelt habe. Dort sind die Erörterungen über die Messung von Schwingungsvorgängen jedoch überaus kurz gehalten. Es ist nur die Kraftmessung behandelt, und auch dabei wird nur auf wenige Gesichtspunkte eingegangen. Von der Messung von Wegen, Geschwindigkeiten und Beschleunigungen und den zugehörigen Meßgeräten ist an jener Stelle jedoch so gut wie gar nicht die Rede. Diesem Mangel möchte ich dadurch abhelfen, daß ich — gewissermaßen als Ergänzung — dem ersten Band dieses Büchlein nachschicke. Es verdankt seine unmittelbare Entstehung einer vom Außeninstitut der Technischen Hochschule Berlin gemeinsam mit dem Fachausschuß für Schwingungs- und Schalltechnik des VDI veranstalteten Vortragsreihe, die ich im Herbst 1941 in Berlin abgehalten und dann im Frühjahr 1942 in Stuttgart wiederholt habe.

Die in Abschnitt II vorgetragenen Betrachtungen über die auftretenden Begriffe und die Methoden der rechnerischen Behandlung von Schwingungen sowie auch manche Erörterungen über die Vergrößerungsfunktionen, die Phasenverschiebungswinkel und -zeiten hätten sich stark einschränken lassen, wenn ich für alles, was im „1. Band" behandelt ist, auf diese Schrift verwiesen hätte. Soweit glaubte ich, trotz allen Strebens nach Kürze, doch nicht gehen zu sollen. Es war vielmehr meine Absicht, das Büchlein selbständig zu machen, es also für sich lesbar und benutzbar zu gestalten. Trotzdem sind gelegentlich Hinweise[2] auf die entsprechenden Abschnitte jenes Buches eingefügt für solche Leser, die das Bedürfnis nach weiterer Belehrung empfinden.

---

[1] Klotter, K.: Einführung in die Technische Schwingungslehre Bd. 1. Berlin: Springer 1938.
[2] Der Hinweis „I 32" bedeutet z. B. 1. Band, Ziffer 32.

Vorwort.

Der Untertitel der Schrift „Dynamik der Schwingungsmeßgeräte" soll zum Ausdruck bringen, daß über die mechanischen Gesichtspunkte, die sowohl bei der Ausführung von Schwingungsmessungen wie bei der Wahl und auch beim Bau von Schwingungsmeßgeräten beachtet werden müssen, eingehend gesprochen wird. Im Gegensatz zu dieser Ausführlichkeit im Grundsätzlichen sind die Hilfsmittel, mit denen die genannten Forderungen bei den einzelnen Geräten erfüllt werden, also sowohl die physikalischen Grundlagen der verschiedenen Wegmeßverfahren wie auch die Einzelheiten der baulichen Ausführung, nur kurz behandelt.

Überdies sei von vornherein betont, daß vieles, was hier vorgetragen wird, nicht als eigentlich neu angesprochen werden kann. Was mir dagegen neu erscheint, ist die Betrachtungsweise, durch welche die an sich meist bekannten Einzeltatsachen in eine systematische Ordnung gebracht werden, so daß ein leichter Überblick gewonnen wird. Dadurch — so hoffe ich — wird sich das Büchlein ein Daseinsrecht den schon vorhandenen Darstellungen gegenüber schaffen.

Von diesen früheren Darstellungen über das Messen mechanischer Schwingungen mögen bei dieser Gelegenheit fünf Schriften erwähnt werden: Im Jahre 1927 erschien das Buch von J. Geiger[1], im Jahre 1928 das ausführliche Werk von H. Steuding[2] mit einer überaus reichhaltigen Übersicht über das Schrifttum. Ein Aufsatz von E. Lehr[3] ergänzte später die Steudingsche Schrift. Eine weitere wurde von der Deutschen Reichsbahn herausgegeben[4]; sie betrachtet die Schwingungsvorgänge und -meßgeräte insbesondere im Hinblick auf die Schwingungen von Brücken. Vor kurzem erschien die Dissertation von A. Weiler[5]; sie bemüht sich auch schon um einen Vergleich der auf dem Markt befindlichen Geräte.

---

[1] Geiger, J.: Mechanische Schwingungen und ihre Messung. Berlin: Springer 1927.
[2] Steuding, H.: Messung mechanischer Schwingungen. Berlin: VDI-Verlag 1928.
[3] Lehr, E.: Z. VDI Bd. 76 (1932) S. 1065.
[4] Mechanische Schwingungen der Brücken. Berlin: Verkehrswissenschaftliche Lehrmittelgesellschaft 1933.
[5] Weiler, A. Ein Beitrag zur kritischen Betrachtung der Schwingungsmeßgeräte für den Maschinenbau. Diss. Darmstadt 1939.

Schließlich verdient in diesem Zusammenhang auch das Archiv für Technisches Messen[1] eine Erwähnung.

Von diesen vorhandenen Schriften unterscheidet sich die vorliegende vor allem dadurch, daß sie nicht etwa eine Zusammenstellung aller bekannt gewordenen, verschiedenen Verfahren und ausgeführten Geräte geben will. Sie sieht — um es nochmals zu betonen — ihre Aufgabe vielmehr darin, die allgemeinen dynamischen Gesichtspunkte, die für den Bau eines Gerates und für die Ausführung von Messungen wesentlich sind, herauszustellen, so in erster Linie die Frage, wie eine Verzerrung der Anzeige oder Aufzeichnung vermieden oder doch in erträglichen Grenzen gehalten wird, und wie eine verzerrte Aufzeichnung wieder entzerrt werden kann. Soweit einzelne Geräte und Meßverfahren überhaupt genannt werden, geschieht dies lediglich zur Vorführung von kennzeichnenden Beispielen. Und es sei ganz besonders eindringlich betont, daß mit der Erwähnung oder auch Nichterwähnung eines Gerätes keinerlei Urteil über seine besondere Eignung oder Nichteignung ausgesprochen werden soll. Die Auswahl der erwähnten Geräte ist ganz subjektiv dadurch bedingt, daß sie dem Verfasser aus mehr oder weniger zufälligen Gründen bekannter waren als andere.

Dagegen soll die vorliegende Schrift, die von den grundsätzlichen Fragen bei der Messung mechanischer Schwingungen handelt, ergänzt werden durch eine Untersuchung, in der möglichst alle auf dem Markt befindlichen Schwingungsmeßgeräte daraufhin beurteilt werden, inwieweit sie die an ein solches Gerät zu stellenden Anforderungen jeweils erfüllen. Es ist daran gedacht, eine Art von „wissenschaftlichem Katalog der Schwingungsmeßgeräte" zu schaffen, in welchem der Benutzer alle Angaben findet, deren er bedarf, um ein Gerät hinsichtlich Genauigkeit, Empfindlichkeit, Anwendungsbereich usw. vollständig beurteilen zu können.

Bei der Herstellung des Manuskripts, der Zeichnungen, Diagramme und Tabellen haben mich meine Assistenten am Vierjahresplan-Institut für Schwingungsforschung in treuer Arbeit unterstützt. Ihnen allen habe ich dafür zu danken. Besondere Erwähnung unter ihnen verdient Frl. Dr. R. Pich. Sie hat das ganze Manuskript überaus sorgfältig durchgesehen, von ihr stammen

---

[1] Archiv für Technisches Messen (ATM). Berlin u. München: Oldenbourg.

viele Einzelausführungen und Hinweise. Wird sich das Büchlein einigermaßen frei von Flüchtigkeiten und Fehlern erweisen, so ist das in weitem Maße ihr Verdienst. Beim Lesen der Korrekturen hat sich außerdem Herr Dr. H. Heinzerling in Berlin-Adlershof beteiligt; auch ihm sind eine Reihe von Verbesserungen zu danken. Der Herstellung des Büchleins standen unter den gegenwärtigen Zeitumständen vielerlei Hindernisse entgegen. Immer erneuten Antrieb für den Kampf gegen sie empfing ich aus meinen Erfahrungen, nach denen ein lebhaftes Bedürfnis nach Unterrichtung über die grundsätzlichen Fragen der Schwingungslehre und der Schwingungsmeßtechnik in weiten Kreisen von Ingenieuren besteht. Diesen Berufskameraden zu helfen, war meine Absicht. Möge die kleine Schrift dazu beitragen, die Arbeit vieler unter ihnen zu erleichtern und wirksamer zu gestalten!

Berlin NW 87, im Mai 1943.
Franklinstr. 6

K. Klotter.

Inhaltsverzeichnis.

I. Einleitung 1
  1. Abgrenzung der Aufgabe 1
  2. Verfahren zur Messung von Wegen (Ausschlägen) und Geschwindigkeiten 3
    α) Reine Wegmeßverfahren (rückwirkungsarme Verfahren) 4
      1. Unmittelbare Längenmessung 4
      2. Verfahren mit Benutzung optischer und photoelektrischer Hilfsmittel 6
      3. Verfahren, die den Gleichstromwiderstand eines elektrischen Kreises beeinflussen 7
      4. Verfahren, die den Wechselstromwiderstand eines elektrischen Kreises beeinflussen 7
    β) Wegmeßverfahren, die mit Kraftwirkungen („Rückwirkungen") verbunden sind 7
      1. Kohledruckverfahren 7
      2. Piezoelektrischer Effekt 7
      3. Magnetostriktiver Effekt 7
    γ) Verfahren zur Geschwindigkeitsmessung 8
      1. Elektrodynamischer Effekt 8
      2. Magnetostriktiver Effekt 8
  3. Schwingungsmeßgeräte als einfache Schwinger 8

II. Begriffe aus der Schwingungslehre und Methoden der rechnerischen Behandlung der Schwinger von einem Freiheitsgrad 9

  A. Kinematik der Schwingungen (Allgemeine Schwingungslehre) 9
    4. Schwingungsvorgang, Kriechvorgang. Periodische Schwingung, harmonische Schwingung 9
    5. Die erzeugende Kreisbewegung 13

  B. Dynamik (Kinetik) der Schwingungen 19
    6. Die freien Schwingungen 19
    7. Die erzwungenen Schwingungen 23
    8. Kinetische Einflußzahlen; Vergrößerungsfunktionen und Phasenverschiebungswinkel 27
      α) Die kinetischen Einflußzahlen 27
      β) Vergrößerungsfunktionen und Phasenverschiebungswinkel 28
      γ) Erörterung der Vergrößerungsfunktion $V_3\,(\eta,\,D)$ und des Nacheilwinkels $\varepsilon_3\,(\eta,\,D)$ 30
      δ) Die Vergrößerungsfunktion V_1 und der Voreilwinkel γ_1 36
      ε) Weitere Vergrößerungsfunktionen und Phasenverschiebungswinkel 37

Inhaltsverzeichnis.

III. Kraftmessung und Kraftmesser ... 42
  9. Kraftmesser. Arten der Kraftmessung ... 42
  10. Grenzkraftmesser ... 44
     α) Beispiele von Grenzkraftmessern ... 44
     β) Grenzbeschleunigungsmesser ... 44
     γ) Weiterbildung der Grenzkraftmessung: Regelanlagen, Schwingkontaktwaage ... 46
  11. Federkraftmesser ... 48
     α) Messung unveränderlicher Kräfte ... 48
     β) Messung veränderlicher Kräfte ... 50
     γ) Beispiele von Meßgeräten zur Messung veränderlicher Kräfte (Indikator, Oszillograph, Telefonmembran) ... 51
     δ) Die Stelle der reduzierten Masse; die Übersetzung ... 53

IV. Kraftmessung und Bewegungsmessung bei periodischer Einwirkung ... 54
  A. Federkraftmesser ... 54
    12. Die Empfindlichkeit eines Gerätes, die „Treue" der Anzeige, die Verzerrungen ... 54
    13. Die Amplitudenverzerrung ... 58
    14. Die Phasenverzerrung ... 65
    15. Zwei Beispiele für die Verzerrung ... 70
  B. Bewegungsmesser ohne Festpunkt ... 76
    16. Allgemeines; federgefesselte und reibungsgefesselte, wegfühlende und geschwindigkeitsfühlende Geräte ... 76
    a) Federgefesselte Geräte ... 79
    17. Wegfühlende Geräte, Wegmesser ... 79
      α) Bewegungsgleichung, Vergrößerungsfunktion und Phasenverschiebungswinkel ... 79
      β) Die Verzerrungen; Zahlenbeispiel ... 80
      γ) Beispiele von Schwingwegmessern ... 86
      δ) Dehnungsmessung ... 89
      ε) „Resonanz-Schwingungsmesser" ... 91
    18. Wegfühlende Geräte, Beschleunigungsmesser ... 92
    19. Geschwindigkeitsfühlende Geräte ... 94
      α) Geschwindigkeitsmesser ... 94
      β) Ruckmesser ... 96
      γ) Abgrenzung der Anwendungsmöglichkeiten ... 96
      δ) Beispiele ... 97
    b) Reibungsgefesselte Geräte ... 98
    20. Die reibungsgefesselten, weg- und geschwindigkeitsfühlenden Geräte ... 98

Inhaltsverzeichnis. IX

C. Bewegungsmesser mit Festpunkt 110
  21. Wegmesser 110
    α) Allgemeines 110
    β) Bewegungsgleichungen und Vergrößerungsfunktionen 111
    γ) Dehnungsmesser („Spannungsmesser") 113
    δ) Tastgeräte 115
    ε) Zusammenfassung 117
D. Rückblick auf die Messung periodischer Einwirkungen . . . 118
  22. Zusammenstellung der Bezeichnungen und Beziehungen 118
  23. Wegmessung und Beschleunigungsmessung 122
  24. Integrierende und differenzierende Schaltungen . . . 124
  25. Einschwingvorgänge 125

V. **Kraftmessung und Bewegungsmessung bei nicht-periodischer Einwirkung** 128
  26. Allgemeine Definition der Verzerrung; Zusammenhang zwischen Einwirkung und Aufzeichnung. Die Entzerrung bei einem Federkraftmesser 128
  27. Das Verfahren der Entzerrung. 130
    α) Federgefesselte, wegfühlende Geräte mit „hoher" Eigenfrequenz 130
    β) Federgefesselte, wegfühlende Geräte mit „niedriger" Eigenfrequenz 134
    γ) Die übrigen Gerätearten 137
    δ) Allgemeine Ergebnisse 138
  28. Stoßmessung mit einem Bewegungsmesser 138

Liste der Formelzeichen 146
Namen- und Sachverzeichnis 148

I. Einleitung.

1. Abgrenzung der Aufgabe. Wir behandeln in dieser Schrift die Messung mechanischer Schwingungen und die zu solchen Messungen dienenden Geräte. Die mechanischen Vorgänge, um deren Messung wir uns bemühen, bestehen in einer (periodischen oder nicht periodischen) Veränderung von Kräften, von Wegen (Längenwegen oder Winkelwegen) oder ihrer zeitlichen Ableitungen (Geschwindigkeiten, Beschleunigungen und Rucke). Demgemäß unterscheiden wir bei den Schwingungsmeßgeräten zwei Gruppen, die Kraftmesser und die Bewegungsmesser. Zu der zweiten Gruppe rechnen wir sowohl die Wegmesser wie auch die Geschwindigkeitsmesser, Beschleunigungsmesser und Ruckmesser, indem wir das Wort „Bewegungen" als Sammelbezeichnung für Wege, Geschwindigkeiten, Beschleunigungen und Rucke verwenden.

Das Wort „mechanische Schwingungen" möge zudem so verstanden werden, daß, wenn auch Tonfrequenzen in Betracht gezogen werden, die Untersuchungen doch auf mechanische Systeme im engeren Sinne beschränkt bleiben. Das soll heißen, daß die spezifisch akustischen Verfahren und Geräte fehlen (und damit natürlich erst recht alles, was sich auf Ultraschall bezieht).

Der Kreis der Geräte, die wir mit der angegebenen Kennzeichnung erfassen, ist dennoch größer, als es auf den ersten Blick scheinen mag. Er umfaßt nicht nur die Meßgeräte für die genannten, eigentlichen mechanischen Größen; es gehören vielmehr auch die Meßgeräte für elektrische Größen dazu, soweit sie veränderliche, insbesondere rasch veränderliche Vorgänge erfassen sollen, kurz gesagt, die Oszillographen. Jedoch gehören nur solche Oszillographen in den Kreis der hier betrachteten Geräte, die sich für die Umsetzung zwischen dem elektrischen Vorgang (Strom) und der Anzeige (Weg) eines mechanischen Hilfsmittels bedienen (wie z. B. der Schleifenoszillograph), nicht dagegen jene, die nur elektrische und optische Hilfsmittel verwenden (wie der Kathodenstrahloszillograph). Der Schleifenoszillograph ist ein Kraftmesser, denn er mißt eine dem Strom proportionale, auf elektrodynamischem Wege hergestellte Kraft. (Übrigens stellen auch die üblichen Spannungs- und Strommesser für unveränderliche oder langsam veränderliche Einwirkung Kraftmesser dar, die auf dem gleichen oder einem verwandten Prinzip beruhen.) Ein weiteres Beispiel für ein „elektrisches Gerät", das im Grunde ein Kraftmesser ist, haben wir in der Telefonmembran vor uns. Die Membran soll nämlich den Kraftwirkungen folgen, die auf elektromagnetischem Wege in Spulen aus dem Verlauf eines elektrischen Stromes entstehen. Die Telefonmembran ist — wie der Oszillograph — ein mechanisch arbeitendes Gerät; oder anders ausgedrückt. wir betrachten sowohl beim Oszillographen wie bei der Telefonmembran gerade jene Vorgänge, die mechanischer Natur sind, nämlich die Messung einer Kraft.

Während so der Kreis der in die Betrachtungen einzubeziehenden Geräte nicht allein Geräte für die Messung mechanischer Größen selbst umfaßt, werden umgekehrt für die Messung der mechanischen Größen, der Kräfte, Wege und ihrer Ableitungen, nicht nur rein mechanische Hilfsmittel benutzt. Optische und elektrische Vorgänge spielen vielmehr als Hilfsmittel auch für die Messung mechanischer Schwingungen eine große und immer bedeutendere Rolle.

Das hauptsächliche Augenmerk wird in den nachfolgenden Untersuchungen jedoch dem mechanisch arbeitenden Teil des Meßgerätes gelten. Das Verhalten dieses Teiles und die Anforderungen, die an ihn zu stellen sind, damit eine getreue Wiedergabe des Vorgangs erzielt wird, werden den wesentlichen Bestandteil der Erörterungen ausmachen.

Von den optischen und elektrischen Hilfsmitteln, die zur Messung mechanischer Größen herangezogen werden, sprechen wir zwar ebenfalls, aber mehr beiläufig. Wir werden uns damit begnügen, in einer Zusammenstellung (Ziff. 2) die wichtigsten dieser Verfahren anzugeben. Wegen der elektrischen Methoden können wir dabei auf andere Werke verweisen[1]. Rein elektrisch arbeitende Geräte lassen wir ganz außer acht, selbst wenn sie (wie z. B. das Tonfrequenzspektrometer) auf Umwegen (im Beispiel über ein

---

[1] Insbesondere P. M. Pflier: Elektrische Messung mechanischer Größen, 2. Aufl. Berlin: Springer 1943.

Mikrophon) zur Untersuchung mechanischer Vorgänge nutzbar gemacht werden können.

Im übrigen sei noch eine Gruppe von „Schwingungsmeßgeräten" genannt, die wir nicht im einzelnen behandeln werden; es sind dies jene Geräte, die die Messung irgendeiner physikalischen Größe auf die Messung einer Frequenz zurückführen. Unter den Meßgeräten für mechanische Größen gibt es in dieser Gruppe Kraftmesser und Wegmesser (Dehnungsmesser). Die Messung beruht dabei auf folgendem Gedankengang: Als Maß für die Größe einer (unveränderlichen oder langsam veränderlichen) Kraft oder eines (ebensolchen) Weges (Verrückung) kann die Spannungserhöhung in einer Saite dienen, die durch die Kraft oder durch die Verrückung gereckt worden ist. Der Spannkraft der Saite entspricht eine bestimmte Frequenz ihrer Querschwingungen. Die Änderung dieser Frequenz ist somit ein Maß für die Kraft oder die Verrückung[1].

2. Verfahren zur Messung von Wegen (Ausschlägen) und Geschwindigkeiten. Wie wir später noch genauer erkennen werden, lassen sich alle Messungen, die hier in Betracht kommen, gleichgültig ob nun Kräfte, Rucke, Beschleunigungen, Geschwindigkeiten oder Wege gemessen werden sollen, auf die Messung entweder von Wegen oder von Geschwindigkeiten zurückführen (wenn wir die am Ende der vorigen Ziffer genannten, auf einer Frequenzmessung beruhenden Verfahren außer acht lassen). Wir geben an dieser Stelle eine Zusammenstellung der Verfahren, die für die Messung dieser beiden Größen in Betracht kommen. Bei den Wegmeßverfahren unterscheiden wir dabei die reinen (rückwirkungsarmen) Wegmeßverfahren von denjenigen, die mit einer Kraftwirkung (Rückwirkung) verbunden sind.

Bei der Messung unveränderlicher oder langsam veränderlicher Größen erfolgt die Ablesung in der Regel durch Beobachtung des Zeigers des Meßgerätes, also durch visuelle Beobachtung. Anders bei rasch veränderlichen Vorgängen. Um hier erkennen zu können, wie der Vorgang mit der Zeit verläuft, ist eine „Auseinanderziehung" des Vorgangs (der etwa in einer Koordinate abläuft) in einer zweiten Richtung erforderlich. In der Regel geschieht eine solche Auseinanderziehung durch Aufzeichnung des Vorgangs

[1] Vgl. z. B. Druckschrift 825 der Fa. H. Maihak, Hamburg: Die schwingende Meßsaite.

(mittels mechanischer Schreib- oder Ritzgeräte oder auf photographischem Wege) auf einer, entsprechend dem gleichmäßigen Ablauf der Zeit, gleichmäßig ablaufenden Schreibfläche (Papier, Glas, Film). Solche Aufzeichnungen (Registrierungen) besitzen den Vorteil, für die nachfolgende Auswertung fixiert zu sein und die Einzelheiten des zeitlichen Ablaufs erkennen zu lassen (Kurvenform, Frequenzmessung). Eine Auseinanderziehung für rein visuelle Beobachtungen geben der Drehspiegel und der Kathodenstrahloszillograph.

In seltenen Fällen, vor allem dann, wenn es sich nur um die Messung der Schwingweiten eines stationären Vorgangs handelt, genügt auch eine unmittelbare Beobachtung des Vorgangs ohne eine solche zeitliche Auseinanderziehung [vgl. im folgenden unter α) 1].

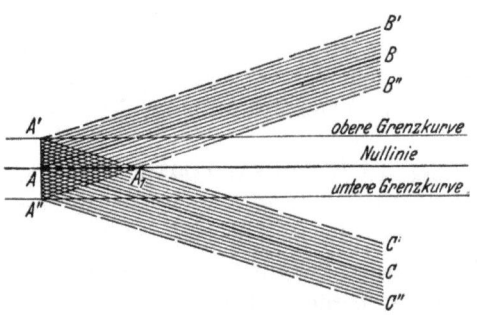

Abb. 2/1. Meßkeil für Translationsschwingungen.

α) Reine Wegmeßverfahren (rückwirkungsarme Verfahren). *1. Unmittelbare Längenmessung.* Ist eine zeitliche Auseinanderziehung einer Schwingung nicht notwendig (z. B. zur Messung der Schwingweiten eines querschwingenden Stabes), so kann bei genügend großen Schwingweiten die unmittelbare Beobachtung ausreichen. Eine brauchbare Hilfseinrichtung zu einer solchen Messung von Schwingweiten ist der sog. Meßkeil[1] (Abb. 2/1). Der Keil BAC bewegt sich z. B. in lotrechter Richtung zwischen den Stellungen $B'A'C'$ und $B''A''C''$ über die mit eingezeichneten Lagen hinweg. Der Schnittpunkt A_1 hebt sich dabei deutlich ab. Die Strecke AA_1 ist nun ein Maß für die Schwingweite AA', und zwar ist, wenn der Winkel BAC mit 2α bezeichnet wird, $AA_1 = \dfrac{AA'}{\operatorname{tg}\alpha}$. Der Gedanke, den zu messenden Weg durch eine „Keilwirkung" zu vergrößern, läßt sich auch auf die Messung von Winkelwegen anwenden. Abb. 2/2 zeigt eine „Keil-

---

[1] D.R.P. 418744; Föppl, O., u. A. Busemann: Prüfer für Schwingungsfestigkeit mit Vorrichtung zur Ablesung des Schwingungsausschlags.

scheibe"[1] für diesen Zweck; die Art der Ablesung ist angedeutet. Die Bedeutung der Buchstaben ist dabei die gleiche wie in Abb. 2/1. Bei kleineren Schwingweiten wird man ein Mikroskop benutzen, durch welches man z. B. die Spur der Bewegung eines „leuchtenden Punktes" ausmißt. Einen solchen Leuchtpunkt stellt man z. B. her durch Ankratzen der Rußschicht auf einer Metallplatte, die beleuchtet wird; noch besser benutzt man Leuchtpunkte, die dadurch entstehen, daß einzelne kleine Stellen beim Berußen der Platte frei bleiben.

Ist eine Aufzeichnung der Bewegung notwendig oder erwünscht, so kann diese über die photographische Aufzeichnung eines Lichtstrahls erfolgen, dessen Bewegung dadurch zustande kommt, daß ein Spiegel, auf den der Lichtstrahl fällt, von dem sich bewegenden Objekt gedreht wird (z. B. Schleifenoszillograph, Askania - Erschütterungsmesser und viele andere).

Aber auch auf unmittelbare Weise lassen sich Schriebe erzeugen. Wenn die Ausschläge groß und die Ansprüche an die Genauigkeit nicht hoch sind, kann eine Feder mittels Tinte auf Papier schreiben (z. B. Geigerscher Vibrograph). Eine Verfeinerung des Verfahrens besteht in der Benutzung einer „Kapillarschreibfeder", die selbst nicht mehr auf dem Papier gleitet, bei der die Tinte vielmehr durch Kapillarwirkung aus der Schreibspitze fließt. Bei höheren Ansprüchen an die Genauigkeit läßt man eine Nadel auf Wachspapier (z. B. Tastschwingungsschreiber Askania) oder auf einer berußten Glasplatte schreiben. Die höchste Stufe, zu der dieses Verfahren vervollkommnet worden ist, besteht

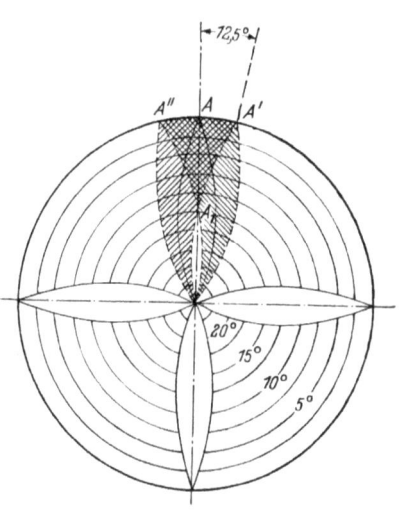

Abb. 2/2. Meßkeilscheibe für Drehschwingungen.

---

[1] Schweizer Patentschrift 206973; Bosch, Robert: Einrichtung zum Messen von Drehschwingungen einer umlaufenden Welle. Erfinder ist F. Allendorff in Stuttgart.

darin, mit einem Diamanten in einen Zelluloidfilm oder noch besser auf eine Glasplatte oder einen Glaszylinder zu ritzen. Die Auswertung muß dabei in der Regel unter dem Mikroskop erfolgen. Diese Art der Aufzeichnung benutzen eine ganze Reihe von Geräten („Ritzgeräte"), die von der DVL (Deutsche Versuchsanstalt für Luftfahrt in Berlin-Adlershof) entwickelt worden sind[1,2].

Die Rückwirkung besteht bei den schreibenden Verfahren in der Reibung der Schreibfeder oder Schreibspitze; die Lichtschreiber sind natürlich rückwirkungsfrei.

2. Verfahren mit Benutzung optischer und photoelektrischer Hilfsmittel. Die Möglichkeit, durch den Ausschlag Spiegel in Drehung zu versetzen, die einen Lichtstrahl ablenken, wurde zuvor schon erwähnt. Ein zweites optisches Verfahren besteht darin, durch den Ausschlag eine Blende zu bewegen, die den Querschnitt für einen Lichtstrom verändert. Der Lichtstrom fällt auf eine lichtelektrische Zelle. Die Spannung dieser Zelle wird elektrisch verstärkt und gemessen. Sie stellt ein Maß dar für den Lichtstrom und damit für den Querschnitt, den die Blende frei gibt. Durch Wahl geeigneter Arbeitspunkte auf den Kennlinien der lichtelektrischen Zelle und des Verstärkers kann man eine Proportionalität zwischen Weg und Anzeige erzielen. Das Wegmeßverfahren zeichnet sich durch vollkommene Trägheitslosigkeit und Freiheit von Rückwirkungen aus.

In dieser Gruppe verdient schließlich noch ein drittes Verfahren Erwähnung, das in Meßgeräten gelegentlich verwendet wird: Die Weganzeige (oder besser: Stellungsanzeige) kommt dadurch zustande, daß ein beweglicher Kontakt über eine Reihe fester Kontakte hinweggleitet und dadurch je nach seiner Stellung Glüh- oder besser Glimmlampen zum Aufleuchten bringt, die dann visuell beobachtet oder photographiert werden (z. B. in Verbindung mit dem Tastfühler von Bosch[3], s. Ziff. 21,δ).

---

[1] Freise, H.: Luftf.-Forschg. Bd. 14 (1937) S. 373; Z. VDI Bd. 82 (1938) S. 457; Z. VDI Bd. 84 (1940) S. 599.

[2] Druckschriften der Deutschen Versuchsanstalt f. Luftfahrt (DVL) über Schwingungsschreiber für Instrumentenbretter, Kleinstschwingungsschreiber, Dehnungsschreiber, Beschleunigungsschreiber, Kettenkraftschreiber, Seilkraftschreiber, Entfaltungsstoßschreiber für Fallschirme.

[3] Allendorff, F.: Z. VDI Bd. 82 (1940) S. 569.

Ziff. 2. Verfahren zur Messung von Wegen (Ausschlägen). 7

3. *Verfahren, die den Gleichstromwiderstand eines elektrischen Kreises beeinflussen.* Zu ihnen gehören die sogenannten **potentiometrischen** Verfahren, die darauf beruhen, daß durch den veränderlichen Ausschlag zwei Zweige einer Gleichstrom„brücke" verstimmt werden, so daß eine Anzeige bewirkt wird. Die Rückwirkung besteht vor allem in den Reibungskräften, die bei der Bewegung der Kontakte auftreten.

Ganz außerordentlich empfindlich und rückwirkungsarm arbeiten die unter dem Namen **Bolometer** bekannten Geräte. Bei ihnen wird die Brücke auf thermischem Wege verstimmt.

4. *Verfahren, die den Wechselstromwiderstand eines elektrischen Kreises beeinflussen.* Zu einer solchen Beeinflussung gibt es zwei Wege: Es kann erstens die **Kapazität**, zweitens die **Induktivität** durch den zu messenden Ausschlag verändert werden. Beide Verfahren werden auch „Trägerfrequenzverfahren" genannt, da sie die Benutzung eines Wechselstroms verlangen, dessen Frequenz (die „Trägerfrequenz") ein Vielfaches der Frequenz des zu messenden Vorgangs beträgt.

Die Rückwirkungen sind bei diesen Verfahren oft nicht mehr vernachlässigbar. Sie bestehen in den magnetischen und elektrischen Kräften, die beim Verschieben von Spulenkernen und Kondensatorplatten auftreten.

β) Wegmeßverfahren, die mit Kraftwirkungen („Rückwirkungen") verbunden sind. *1. Das sog. Kohledruckverfahren*, bei dem durch das Zusammendrücken von geschichteten Kohlesäulen der Gleichstromwiderstand der Säulen geändert und — in einer Widerstandsbrücke — gemessen wird; der entstehende Ausschlag des Galvanometers ist dabei (näherungsweise) der zu messenden Längenänderung der Kohlesäule proportional.

2. Die Verfahren, die auf dem *piezoelektrischen Effekt* beruhen. Dieser Effekt besteht darin, daß bei manchen Kristallen, z. B. Quarz, Turmalin oder Seignettesalz (d. i. Kalium-Natrium-Tartrat: $KNaC_4H_4O_6 + 4 H_2O$), wenn in einer Richtung des Kristalls eine Druckkraft ausgeübt wird, auf bestimmten Flächen der Zusammendrückung proportionale elektrische Ladungen erscheinen, deren (elektrische) Spannung zur Anzeige gebracht werden kann. Diese Verfahren erfordern eine elektrische Verstärkung.

3. Magnetostriktiver Effekt. Die Verfahren, bei denen die unter Wirkung einer Kraft (und damit einer Zusammendrückung) erfolgenden Veränderungen der magnetischen Eigenschaften eines Körpers gemessen werden (Umkehreffekt zur Magnetostriktion).

γ) **Verfahren zur Geschwindigkeitsmessung.** *1.* Auf Grund des *elektrodynamischen Effektes*. Das am häufigsten angewendete Verfahren, eine einer Geschwindigkeit proportionale Anzeige zu erzielen, besteht darin, daß man im Feld eines Magneten eine Spule mit der zu messenden Geschwindigkeit sich bewegen läßt. In der Spule wird eine der Geschwindigkeit proportionale Spannung induziert, die in der üblichen Weise zur Anzeige ausgenutzt werden kann (z. B. dadurch, daß man sie einem Oszillographen zuführt).

2. Auf Grund des *magnetostriktiven Effektes*. Die unter β) 3 erwähnte Änderung der magnetischen Eigenschaften eines Körpers kann man zu einer Geschwindigkeitsanzeige verwerten, wenn man die durch die Geschwindigkeit der Längenänderung (etwa eines Stabes) bewirkte Änderungsgeschwindigkeit des magnetischen Feldes in einer (den Stab umgebenden) Spule in eine elektrische Spannung umsetzt.

3. Schwingungsmeßgeräte als einfache Schwinger. Die meisten Schwingungsmeßgeräte sind, wie wir später noch genauer erkennen werden, selbst schwingungsfähige Systeme, d. h. Schwinger. Sie können dabei für fast alle wesentlichen Fragen als einfache Schwinger (d. h. als Systeme von einem Freiheitsgrad) betrachtet werden.

Ehe wir an die einzelnen Fragen der Schwingungsmessung herantreten, machen wir uns zuvor — nur in dem für das später Folgende unbedingt notwendigen Umfang — mit den für die Untersuchung von Schwingungen notwendigen Begriffen und mit den Methoden der rechnerischen Behandlung der Schwingungen in Systemen von einem Freiheitsgrad vertraut. Dadurch, daß wir auf diese Weise den mehr formalen Teil unserer Aufgabe (in Abschnitt II) vorwegnehmen, entlasten wir die späteren Betrachtungen und schaffen dort Platz für die vom physikalischen und technischen Standpunkt aus wichtigen Fragen.

II. Begriffe aus der Schwingungslehre und Methoden der rechnerischen Behandlung der Schwinger von einem Freiheitsgrad.

A. Kinematik der Schwingungen (Allgemeine Schwingungslehre).

4. Schwingungsvorgang, Kriechvorgang; periodische Schwingung, harmonische Schwingung. Schwingung nennen wir jeden Vorgang, der irgendwelche Merkmale der Wiederholung aufweist; eine besondere Klasse von Schwingungen, die wichtigste allerdings, stellen die periodischen Schwingungen dar. Das Wort „Schwingung" ist also nicht schon synonym mit „periodischem Vorgang".

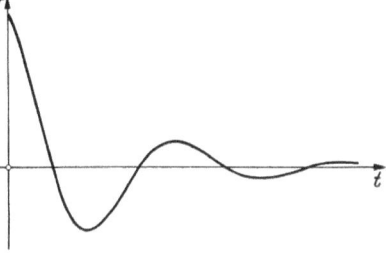

Abb. 4/1a. Allgemeine Schwingung.

Abb. 4/1a zeigt das Diagramm eines Vorgangs, den wir eine Schwingung nennen; die Wiederholung besteht darin, daß die Veränderliche q (der Ausschlag oder was sonst auch immer die Veränderliche bedeuten möge) wiederholt ihr Vorzeichen wechselt. Diese Schwingung ist nicht periodisch.

Für periodische Schwingungen gibt Abbild. 4/1b ein Beispiel. Periodische Schwingungen sind

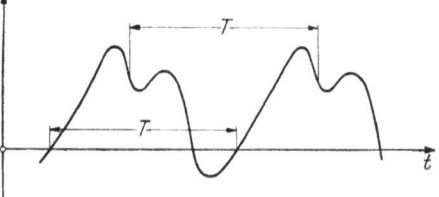

Abb. 4/1b. Periodische Schwingung.

solche, bei denen nach Ablauf einer gewissen Zeit, der Periode (oder Schwingdauer) T, der Vorgang sich mit allen seinen Merkmalen wiederholt. (Es genügt nicht, daß die Veränderliche selbst ihren Wert wieder annimmt.) Der gesamte Komplex der einen Vorgang bestimmenden Merkmale (Ausschlag, Geschwindigkeit, Beschleunigung und alle höheren Ableitungen) heißt (mit einem aus der allgemeinen Physik übernommenen Wort) die Phase des Vorgangs. Ein periodischer Vorgang weist nach Ablauf einer Periode wieder die ursprüngliche Phase auf.

Kehrwert der Periode T ist die Frequenz oder Schwingzahl, $f = 1/T$. Sie gibt an, wie oft in der Zeiteinheit (in einer Sekunde etwa) der Vorgang sich vollständig wiederholt.

Vorgänge, die nicht mehr zu den Schwingungen gerechnet werden, zeigt Abb. 4/1c. Wir sprechen hier von **Kriechvorgängen**. Wo man die Grenze zwischen einem Schwingungsvorgang und einem Kriechvorgang ziehen will, ist Sache der Übereinkunft. Wir wollen (aus bestimmten, hier nicht näher zu erörternden Gründen[1]) einen Vorgang dann eine Schwingung nennen, wenn er **mehr als einmal** seine Bewegungsrichtung umkehrt.

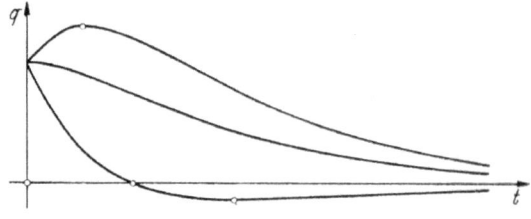

Abb. 4/1c. Kriechvorgänge.

Die wichtigste Klasse unter den Schwingungen sind die **periodischen Schwingungen**; sie werden auch **stationäre** Schwingungen im Gegensatz zu den **abklingenden** oder den **anwachsenden** (aufschaukelnden) Schwingungen genannt. Ihre Mannigfaltigkeit ist riesengroß. Die Behandlung und die Übersicht wird aber durch einen Umstand außerordentlich erleichtert: dadurch nämlich, daß sich jede periodische Schwingung zerlegen läßt in **harmonische Schwingungen**. Dieser Satz heißt nach seinem Entdecker das Fouriersche Theorem und die Zerlegung demgemäß **Fourier-Zerlegung** oder **Fourier-Analyse**. Über die rechnerischen, zeichnerischen oder instrumentellen Hilfsmittel, mit denen die Zerlegung einer periodischen Funktion in ihre „Harmonischen" ausgeführt wird, können wir hier jedoch nicht sprechen[2]; uns

---

[1] Vgl. I 38.
[2] Vgl. I 10 sowie die Lehrbücher der angewandten Mathematik, z. B. C. Runge u. H. König: Numerisches Rechnen S. 208ff. Berlin 1924. Willers, Fr. A.: Methoden der praktischen Analysis S. 263ff. Berlin u. Leipzig 1928.

Ziff. 4. Schwingungsvorgang, Kriechvorgang.

genügt es für das Folgende zu wissen, daß die grundsätzliche Möglichkeit zu einer solchen Zerlegung besteht. Wir dürfen daher die harmonischen Schwingungen als die Bausteine aller periodischen Schwingungen betrachten und brauchen uns deshalb zunächst auch nur mit ihnen zu beschäftigen.

Eine harmonische Schwingung verläuft nach einem Sinus- oder Cosinusgesetz:

$$y_1 = A \cos(\omega_1 t + \alpha_1) \qquad (4.1\,\text{a})$$

oder

$$y_2 = B \sin(\omega_2 t + \alpha_2); \qquad (4.1\,\text{b})$$

sie hat also drei Bestimmungsstücke:

	Bezeichnungen in den Beispielen [Gln. (4.1)]	
erstens: die Amplitude	A	B
zweitens: die Kreisfrequenz	ω_1	ω_2
drittens: den Phasenverschiebungswinkel	α_1	α_2.

Die Amplitude mißt den größten Ausschlag. Die Kreisfrequenz ω (die Herkunft der Bezeichnung werden wir bald noch besser verstehen lernen) mißt die Schnelligkeit der Wiederholung des Vorgangs. Mit der Periode T und der Frequenz $f = 1/T$ der Schwingung hängt sie so zusammen, daß

$$\omega T = 2\pi, \quad \text{also} \quad \omega = \frac{2\pi}{T}$$

und daher

$$\omega = 2\pi f \qquad (4.2)$$

ist. Die Dimension sowohl der Frequenz f wie der Kreisfrequenz ω ist T^{-1}, die Einheit beider Größen demnach sec^{-1}. Für die Kreisfrequenz ω benutzt man die Einheit in dieser Form wirklich; um die Frequenz f zu messen, nennt man diese Einheit (zur Unterscheidung) 1 Hertz und schreibt 1 Hz.

Das Argument der trigonometrischen Funktionen in den Gln. (4.1) ist ein Winkel $\varphi = \omega t + \alpha$. Er bestimmt den „Zustand" oder die „Phase", in der die Schwingung sich zur Zeit t befindet. Bei einer gegebenen harmonischen Schwingung (d. h. bei gegebener Amplitude und Kreisfrequenz) wird der augenblickliche Zustand, die Phase, durch den Winkel φ allein bestimmt. Er heißt deshalb der Phasenwinkel. Der Winkel α, der angibt, wie groß der Phasenwinkel φ zur Zeit $t = 0$ ist, heißt demgemäß Nullphasenwinkel oder auch Phasenverschiebungswinkel (weil er die Verschiebung der Schwingung gegen eine angenommene Vergleichsschwingung mit dem Nullphasenwinkel $\alpha = 0$ mißt).

Es stellt eine durchaus abgeschliffene Redeweise dar, wenn α als Phasenwinkel oder gar als Phase schlechthin bezeichnet wird.

Einen positiven Phasenverschiebungswinkel nennt man auch „Voreilwinkel", einen negativen „Nacheilwinkel". Diese Benennungen deuten darauf hin, daß im ersten Fall die Schwingung der Vergleichsschwingung voreilt (d. h. eine bestimmte Phase früher annimmt), im zweiten Fall aber ihr nacheilt (eine ausgezeichnete Phase später annimmt als die Vergleichsschwingung). Im Ausschlag-Zeit-Diagramm ist eine voreilende Schwingung gegenüber der Vergleichsschwingung nach links, eine nacheilende nach rechts verschoben.

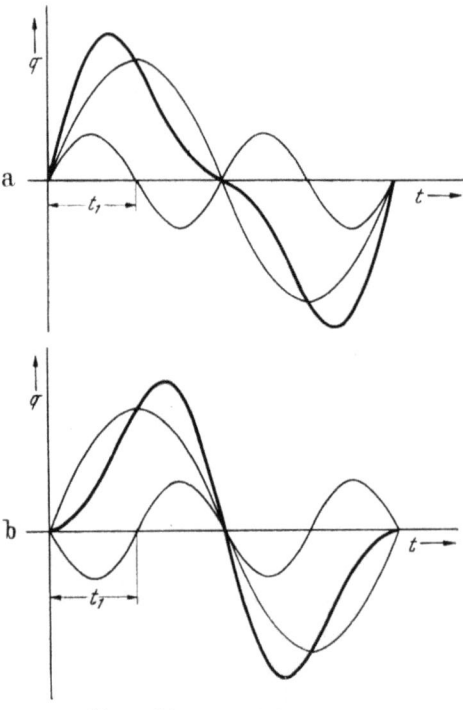

Abb. 4/2. Phasenverschiebungswinkel und Phasenverschiebungszeiten.

Mit dem Begriff des Phasenverschiebungswinkels hängt ein zweiter aufs engste zusammen, der uns später noch eingehend beschäftigen wird, nämlich der Begriff der Phasenverschiebungszeit. Sie ist definiert als

$$t_\alpha = \frac{\alpha}{\omega} \tag{4.3}$$

und stellt die Zeit dar, in der der Phasenwinkel φ sich um den Betrag α ändert. Unter Benutzung der Phasenverschiebungszeit t_α schreibt sich der Phasenwinkel

$$\varphi = (\omega t + \alpha) = \omega (t + t_\alpha). \tag{4.4}$$

Der Phasenverschiebungswinkel α ist ein geeignetes Maß zur Feststellung der zeitlichen Verschiebung zweier Schwingungen derselben Frequenz; zur Messung der zeitlichen Verschiebung zweier Schwingungen mit verschiedenen Frequenzen eignet er sich jedoch nicht, da ihm — je nach der Frequenz, die ihm beigegeben wird — ganz verschiedene (Phasenverschiebungs-) Zeiten entsprechen.

Beispiel: In Abb. 4/2b ist die zweite Schwingung gegen die Lage, die sie in Abb. 4/2a hatte, um die Zeit t_1 verschoben. Dieser Verschiebungszeit t_1 entspricht ein Verschiebungswinkel π der zweiten, aber ein Verschiebungswinkel $\pi/2$ der ersten Schwingung.

5. Die erzeugende Kreisbewegung.

Wir müssen uns jetzt mit einem für die ganze Schwingungslehre und vor allem für die Darstellung von Schwingungen durch Rechnung und Zeichnung grundlegenden Gedankengang befassen, dem Zusammenhang der **harmonischen Schwingungen** mit ihren „erzeugenden Kreisbewegungen".

Eine harmonische Schwingung kommt zustande (oder kann zustande kommend gedacht werden) dadurch, daß eine mit konstanter Winkelgeschwindigkeit vor sich gehende Kreisbewegung auf eine Gerade projiziert wird (instrumentell z. B.

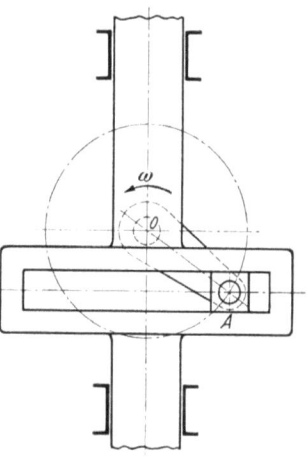

Abb. 5/1. Kreuzschleifenkurbel.

ausgeführt durch die Kreuzschleifenkurbel der Abb. 5/1). Die Winkelgeschwindigkeit der Kreisbewegung ist dann identisch mit der Kreisfrequenz der Schwingung. Daher rührt dieser Name, und daher wird für beide Größen derselbe Buchstabe, nämlich ω, verwendet. Das Wandern eines Punktes auf dem Kreis kann angezeigt werden durch die Drehung eines Fahrstrahles (Vektors) $\mathfrak{a}$, der nach diesem Punkte weist (Abb. 5/2). Der die augenblickliche Lage dieses Fahrstrahls anzeigende Winkel ist der Phasenwinkel φ, sein Wert zur Zeit $t = 0$ der Nullphasenwinkel oder Phasenverschiebungswinkel α. Die Zeit, die der Fahrstrahl braucht, um den Winkel α zu überstreichen, ist die Phasenverschiebungszeit t_α.

Was nützt uns die Deutung einer harmonischen Schwingung als Projektion einer gleichförmigen Kreisbewegung? Zunächst gibt sie uns die Möglichkeit, die Darstellung von harmonischen Schwingungen bedeutend zu vereinfachen. Statt Sinuslinien zu zeichnen, genügt es, die nach dem umlaufenden Punkt des Kreises

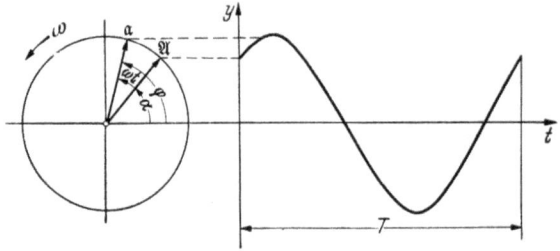

Abb. 5/2. Harmonische Schwingungen und erzeugende Kreisbewegung.

weisenden Fahrstrahlen (Vektoren) in der Nullstellung (Ausgangsstellung) anzugeben (Abb. 5/3). Als weitere Angabe benötigt man allerdings noch die Frequenz oder Kreisfrequenz (Winkelgeschwindigkeit). Die Vektoren in der Nullstellung repräsentieren nämlich

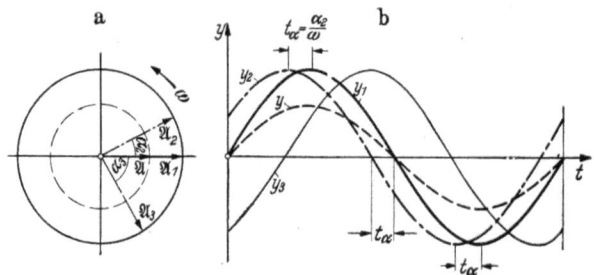

Abb. 5/3. Harmonische Schwingungen mit ihren erzeugenden Vektoren in Ausgangsstellung (komplexen Amplituden).

Amplitude und Nullphasenwinkel (Phasenverschiebungswinkel), also zwei der drei Bestimmungsstücke einer harmonischen Schwingung. Abb. 5/4 zeigt die Addition zweier Schwingungen der gleichen Frequenz; der Addition der Ordinaten der Sinuslinien entspricht die Addition der erzeugenden Vektoren.

Durch die Beachtung des Zusammenhangs zwischen Schwingung und Kreisbewegung wird aber nicht nur die zeichnerische

Ziff. 5.   Die erzeugende Kreisbewegung.   15

Darstellung vereinfacht, auch die Rechnung kann Vorteile daraus ziehen. Statt einer Darstellung des Schwingungsablaufs wählt man auch für die Rechnung eine Darstellung der Kreisbewegung, und zwar indem man das Wandern des Punktes der erzeugenden Kreisbewegung beschreibt. Wie geschieht das?

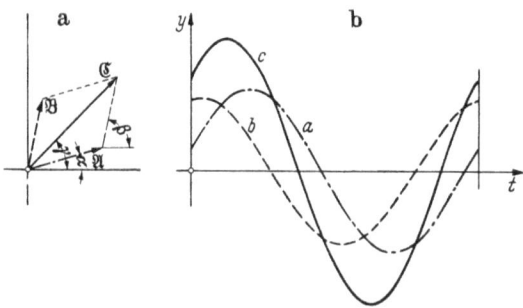

Abb. 5/4. Zusammensetzung von harmonischen Schwingungen gleicher Frequenz.

Eine Kreisbewegung ist eine Bewegung in einer Ebene. Punkte der Ebene können durch (ebene) Vektoren beschrieben werden. Ebene Vektoren sind gleichwertig mit komplexen Zahlen. Für komplexe Zahlen gibt es zwei Darstellungsformen[1] ($i = \sqrt{-1}$):

$$\mathfrak{a} = x + i y \quad \text{und} \quad \mathfrak{a} = A\,e^{i\varphi}.$$

Unseren Zwecken ist die zweite Form besonders gut angepaßt. Die Bewegung auf dem Kreis wird beschrieben durch die Gleichung

$$\mathfrak{a}(t) = A\,e^{i(\omega t + \alpha)} = \mathfrak{A}\,e^{i\omega t} \tag{5.1}$$

mit

$$\mathfrak{A} = A\,e^{i\alpha}.$$

$\mathfrak{A}$ heißt die komplexe Amplitude der Schwingung; sie ist identisch mit dem Nullvektor (d. i. der erzeugende Vektor in der Nullstellung).

Die schwingende Größe selbst erhält man aus der Kreisbewegung durch eine Projektion. Rechnerisch heißt das, durch Bildung des reellen oder imaginären Teiles der komplexen Zahl $\mathfrak{a}$,

$$y = \mathfrak{Im}(\mathfrak{a}) = \mathfrak{Im}(\mathfrak{A}\,e^{i\omega t}), \tag{5.2a}$$

$$x = \mathfrak{Re}(\mathfrak{a}) = \mathfrak{Re}(\mathfrak{A}\,e^{i\omega t}). \tag{5.2b}$$

---

[1] In der elektrischen Schwingungslehre wird die imaginäre Einheit meist mit j statt mit i bezeichnet.

Aber ebensowenig wie man bei der graphischen Darstellung die Projektion wirklich ausführt, führt man bei der Rechnung die Bildung der Anteile aus. Man begnügt sich mit der Behandlung der Kreisbewegung, die die Schwingung ja vollständig repräsentiert (falls die Projektionsrichtung verabredet ist). Die Brauchbarkeit dieser Darstellung geht aber noch viel weiter: Wir betrachten die Differentiation und Integration. Wenn

$$y = A \sin(\omega t + \alpha) \tag{5.3a}$$

ist, so lautet die erste Ableitung

$$\dot{y} = A \omega \cos(\omega t + \alpha), \tag{5.3b}$$

die zweite
$$\ddot{y} = -A \omega^2 \sin(\omega t + \alpha) \tag{5.3c}$$

(dabei sind — wie üblich — Ableitungen nach der Zeit durch übergesetzte Punkte bezeichnet). Stellen wir die Kreisbewegung daneben: Zu $y(t)$ gehört

$$\mathfrak{a} = \mathfrak{A} e^{i\omega t} \quad \text{mit} \quad \mathfrak{A} = A e^{i\alpha}. \tag{5.4a}$$

Die erste Ableitung lautet

$$\dot{\mathfrak{a}} = \mathfrak{A} \omega i e^{i\omega t} = (\mathfrak{A} e^{i\frac{\pi}{2}} \omega) e^{i\omega t} = (\mathfrak{A}\omega) e^{i(\omega t + \frac{\pi}{2})} \tag{5.4b}$$

und die zweite Ableitung

$$\ddot{\mathfrak{a}} = \mathfrak{A} \omega^2 i^2 e^{i\omega t} = (\mathfrak{A} e^{i\pi} \omega^2) e^{i\omega t} = (\mathfrak{A}\omega^2) e^{i(\omega t + \pi)}. \tag{5.4c}$$

Aus den Prozessen der Differentiation und der Integration sind einfache algebraische Operationen, das Multiplizieren mit i oder

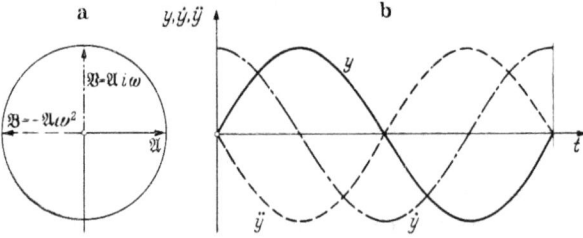

Abb. 5/5. Harmonische Schwingungen und ihre Ableitungen.

das Dividieren durch i geworden. Oder anders ausgedrückt: Durch Bildung der Ableitung wird der Vektor der erzeugenden Kreisbewegung um $\pi/2$ „nach vorn gedreht" (und mit ω multipliziert), durch Integration wird er entsprechend um $\pi/2$ zurückgedreht (und durch ω dividiert) (Abb. 5/5).

Ziff. 5.   Die erzeugende Kreisbewegung.   17

Immer dann, wenn man es mit **periodischen Schwingungen** zu tun hat, die sich, wie gesagt, in eine Reihe von Harmonischen entwickeln lassen, ist die Verwendung der erzeugenden Kreisbewegung ein Hilfsmittel zur Vereinfachung nicht nur der Darstel-

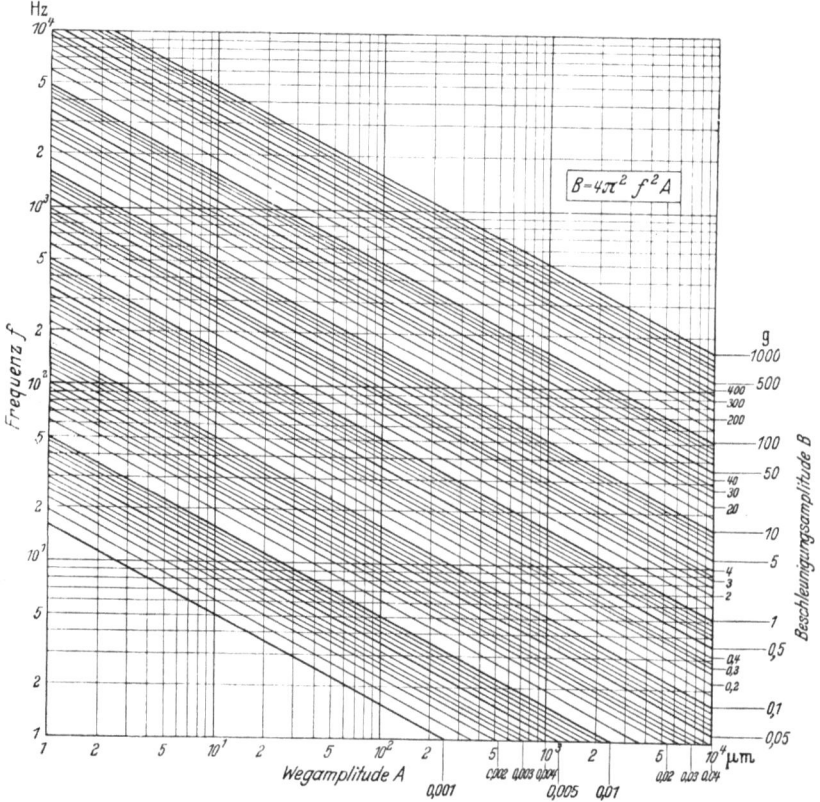

Abb. 5/6. Kurventafel zur Bestimmung der Beschleunigungsamplituden harmonischer Schwingungen.

lung, sondern in besonders machtvoller Weise auch der Rechnung. Wir werden uns dieses Hilfsmittels noch ausgiebig bedienen. Es wird uns insbesondere erlauben, die Integration von Differentialgleichungen auf die Behandlung algebraischer Vektorgleichungen, d. i. die Untersuchung von Vektorpolygonen, zurückzuführen (Ziff. 7).

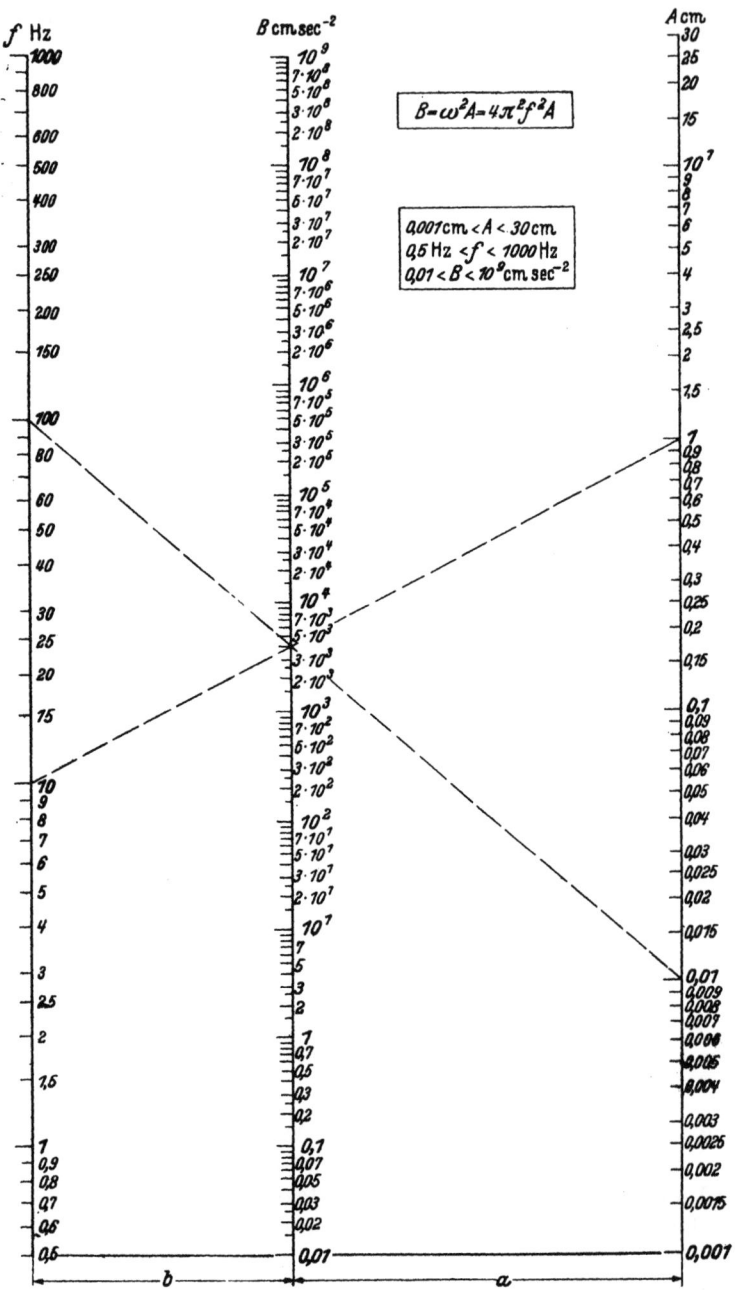

Abb. 5/7. Nomogramm zur Bestimmung der Beschleunigungsamplituden harmonischer Schwingungen.

Der aus den Gln. (5.3) folgende Zusammenhang zwischen der Amplitude B der Beschleunigung $\ddot{y}$ und der Amplitude A des Weges y,

$$B = \omega^2 A = 4\pi^2 f^2 A, \qquad (5.5)$$

wird uns noch sehr häufig begegnen. Um die numerische Umrechnung zu erleichtern, geben wir an dieser Stelle zwei Hilfsmittel: 1. ein Diagramm (Abb. 5/6), in dem in logarithmischer Teilung auf der Abszissenachse die Wegamplitude A (in μm), auf der Ordinatenachse die Frequenz f (in Hz) aufgetragen ist, während die eingezeichneten Geraden die Punkte gleicher Beschleunigungsamplituden B (gemessen in g) verbinden, 2. ein Nomogramm (Abb. 5/7), das — wie die eingezeichneten Beispiele zeigen — erlaubt, mit Hilfe einer geraden Linie aus den Werten auf zwei Achsen den zugehörigen Wert auf der dritten Achse abzulesen.

B. Dynamik (Kinetik) der Schwingungen.

6. Die freien Schwingungen. Bisher hatten wir von dem Ablauf der Schwingungen selbst gesprochen, noch ohne Rücksicht darauf, wie die Schwingungen zustande kommen. Die bisherigen Aussagen gehören also zur Kinematik der Schwingungen (oder — falls die schwingende Größe nicht nur einen Weg bedeuten soll — in die sogenannte allgemeine Schwingungslehre). Jetzt wenden wir uns der Dynamik (Kinetik) der Schwingungen zu, also der Frage, durch welche Kräfte Schwingungen zustande kommen, oder welche Kräfte im Zusammenhang mit den Schwingungen auftreten.

Wir behandeln nur Schwinger von einem Freiheitsgrad, das sind solche Gebilde, deren Bewegungen durch eine einzige Koordinate q beschrieben werden. Die Masse des Schwingers heiße stets a; als Koordinate q wählen wir die Auslenkung der Masse aus ihrer Gleichgewichtslage. Bei den Schwingern werden durch die Auslenkung von q abhängige Kräfte, und zwar Rückführkräfte (Rückstellkräfte), geweckt. Je nach deren physikalischer Natur lassen sich die (einfachen) Schwinger in die beiden Gruppen der elastischen Schwinger und der Pendel (quasi-elastischen Schwinger) einteilen. Wir werden es hier jedoch in der Regel mit elastischen Schwingern allein zu tun haben. Ein „Ersatzbild" für einen elastischen Schwinger haben wir in dem Gebilde nach Abb. 6/1 vor uns. Wenn wir ein solches Symbol (Ersatzbild) gebrauchen, so meinen wir keineswegs, daß das elastische Gebilde, die „Feder", notwendig als zylindrische Schraubenfeder ausgebildet sein müsse; Schwinger nach Abb. 6/2, a bis d, sollen auch unter das Ersatzbild 6/1 gehören. Wo gelegentlich Pendel auftreten, können diese unter dem gleichen Ersatzbild behandelt werden.

Abb. 6/1. Ersatzbild eines elastischen Schwingers.

Wir beschränken uns auf die Untersuchung jener Fälle, in denen die Rückstellkräfte der Auslenkung **proportional sind** (d. h., wir müssen uns u. U. auf „hinreichend kleine" Auslenkungen beschränken), und bezeichnen als **Federzahl** c die Zahl, welche angibt, wie groß die elastische Rückstellkraft im Verhältnis zur Auslenkung ist. Der Kehrwert der Federzahl, $h = 1/c$ (Auslenkung im Verhältnis zur Kraft), heißt die **Einflußzahl**.

Sind weder Dämpfungs- noch explizit von der Zeit abhängige Kräfte vorhanden, so lautet die Bewegungsdifferentialgleichung des einfachen (elastischen) Schwingers gemäß der Newtonschen Grundgleichung:

$$\ddot{q} = \frac{1}{a}(-cq)$$

oder geordnet:

$$a\ddot{q} + cq = 0. \qquad (6.1)$$

Sie ist eine (gewöhnliche) lineare und homogene Differentialgleichung zweiter Ordnung. Ihre (vollständige) Lösung ist bekanntlich:

$$\left.\begin{array}{l} q = A\cos\omega t + B\sin\omega t \\ = C\cos(\omega t + \alpha) \end{array}\right\} \qquad (6.2)$$

mit
$$\omega = \sqrt{\frac{c}{a}}. \qquad (6.2\mathrm{a})$$

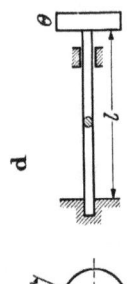
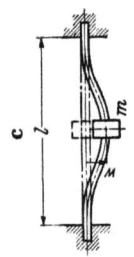
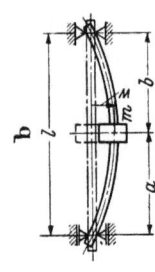
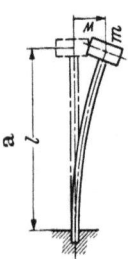

Abb. 6/2. Beispiele für elastische Schwinger; a, b, c Biegeschwinger, d Torsionsschwinger.

Ziff. 6. Die freien Schwingungen. 21

A und B bzw. C und α sind Integrationskonstanten, die durch die Anfangsbedingungen festgelegt werden; die Kreisfrequenz ω dagegen ist durch die Konstanten a und c (Masse und Federzahl) des Schwingers bestimmt.

Die Bewegungen, die allein unter Wirkung von Trägheits- und elastischen Kräften zustande kommen, sind also Schwingungen. Sie werden freie oder Eigenschwingungen genannt und verlaufen harmonisch. Ihre Kreisfrequenz ω wird als Eigenfrequenz[1] bezeichnet.

Sind Dämpfungskräfte anwesend, so benutzen wir als Ersatzbild des Schwingers das der Abb. 6/3 in der Form a oder b. Die Bewegungsgleichung lautet dann, falls die Dämpfungskraft der Geschwindigkeit proportional angesetzt wird (was streng richtig ist für kleine Geschwindigkeiten in Flüssigkeitsdämpfern und für Wirbelstrombremsen)

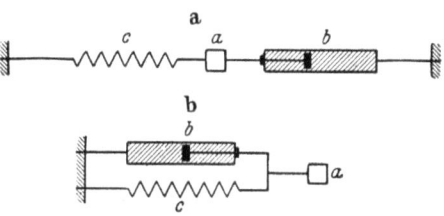

Abb. 6/3. Parallelschaltungen von Feder und Dämpfer.

$$a\ddot{q} + b\dot{q} + cq = 0. \qquad (6.3)$$

Sie hat als Lösungen

für $\mathsf{D} < 1$ $\qquad q = e^{-\delta t}(A \cos \nu t + B \sin \nu t)$, (6.4a)

„ $\mathsf{D} > 1$ $\qquad q = e^{-\delta t}(A \operatorname{\mathfrak{Cof}}\mu t + B \operatorname{\mathfrak{Sin}}\mu t)$, (6.4b)

„ $\mathsf{D} = 1$ $\qquad q = e^{-\delta t}(A + Bt)$. (6.4c)

Die Abkürzungen bedeuten dabei

$$\left.\begin{array}{l} \delta = \dfrac{b}{2a}, \quad \omega = \sqrt{\dfrac{c}{a}}, \quad \mathsf{D} = \dfrac{\delta}{\omega} = \dfrac{b}{2\sqrt{ac}}, \\[6pt] \nu = \sqrt{\omega^2 - \delta^2} = \omega\sqrt{1 - \mathsf{D}^2}, \\[6pt] \mu = \sqrt{\delta^2 - \omega^2} = \omega\sqrt{\mathsf{D}^2 - 1}. \end{array}\right\} \qquad (6.5)$$

Die sich einstellenden freien Bewegungen sind abklingende Schwingungen nach Abb. 4/1a oder Kriechbewegungen nach Abb. 4/1c je nachdem, ob $\mathsf{D} < 1$ oder $\mathsf{D} \gtreqless 1$ ist.

---

[1] Auch an späteren Stellen soll unter ω stets die Frequenz der ungedämpften Eigenschwingung, gegeben durch (6.2a), verstanden werden.

Da diese Dinge bekannt sind, gehen wir darauf nicht weiter ein. Wir geben nur noch in einem Diagramm (Abb. 6/4) an, welche Zusammenhänge bestehen zwischen dem Dämpfungsmaß D einerseits und andererseits dem logarithmischen Dekrement $\vartheta = 2\pi\delta/\nu$ (d. i. dem Logarithmus des Verhältnisses $\dfrac{A_i}{A_{i+1}}$ zweier aufeinanderfolgender, nach derselben Seite gehender Größtausschläge), dem Verhältnis $\dfrac{A_i}{A_{i+1}}$ selbst, seinem Kehrwert $\dfrac{A_{i+1}}{A_i}$ und dem Verhältnis $\sqrt{\dfrac{A_i}{A_{i+1}}}$ zweier aufeinanderfolgender Größtausschläge, die nach verschiedenen Seiten gehen. Außerdem sind in das Diagramm eingezeichnet die Resonanzwerte $V_3(1, D)$ und die Maximalwerte $V_{3\,max}$ der Vergrößerungsfunktionen (siehe Ziff. 8).

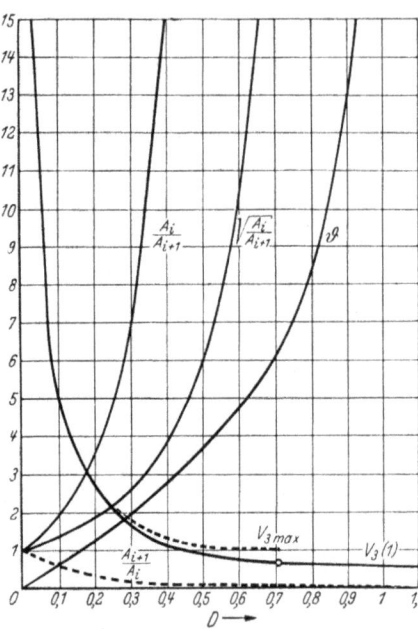

Abb. 6/4. Amplitudenverhältnis A_i/A_{i+1} und $\sqrt{A_i/A_{i+1}}$, log. Dekrement $\vartheta = \ln(A_i/A_{i+1})$, Resonanzwerte $V_3(1)$ und $V_{3\,max}$ in Abhängigkeit vom Dämpfungsmaß D.

Die Kriechbewegungen gehören nicht mehr zu den Schwingungen, die abklingenden Schwingungen nicht mehr zu den periodischen oder stationären Schwingungen; man kann für sie nicht mehr die Darstellungs- und Rechenmethoden benutzen, die sich an die erzeugende Kreisbewegung anschließen.

Wenn Widerstandskräfte auftreten, so ist es erwünscht, daß sie der ersten Potenz der Geschwindigkeit proportional sind, damit die Bewegungsgleichung linear bleibt. Nicht alle Widerstandskräfte befolgen aber diese Abhängigkeit. Besondere Beachtung verdient noch die auch in Meßgeräten häufig anzutreffende „feste Reibung", die konstanten Betrag R hat und der Geschwindigkeit entgegenwirkt.

Während bei Anwesenheit einer geschwindigkeitsproportionalen Dämpfungskraft die Maximalausschläge der abklingenden freien Schwingung eine geometrische Reihe bilden (wobei der Logarithmus des Quotienten das „logarithmische Dekrement" ϑ darstellt), erfolgt die Abnahme bei fester Reibung nach einer arithmetischen Reihe mit der Differenz $2s$ (zweier Größtausschläge nach verschiedenen Seiten) bzw. $4s$ (zweier Größtausschläge nach derselben Seite); dabei ist

$$s = \frac{R}{c} = \frac{R}{a\omega^2}. \tag{6.6}$$

Fällt ein Umkehrpunkt einmal in das Gebiet $-s \leq q \leq +s$, so bleibt der Schwinger dort stehen, die Schwingung bricht ab[1]. Weil auf diese Weise Fehleinstellungen der Meßgeräte zustande kommen, muß die Reibung festen Betrages in den Geräten sorgfältig vermieden werden. Über das Gesetz der Abnahme der Schwingungsausschläge bei gleichzeitiger Anwesenheit von geschwindigkeitsproportionaler Dämpfung und fester Reibung hat K. Bögel[2] kürzlich Untersuchungen angestellt; eine von ihm angegebene graphische Darstellung ermöglicht es umgekehrt auch, aus einer Folge von Maximalausschlägen auf die wirksamen Anteile an Dämpfung und an Reibung zu schließen.

7. Die erzwungenen Schwingungen. Bedeutungsvoll für die uns weiterhin beschäftigenden Themen sind jedoch nicht die freien, sondern vielmehr die erzwungenen Schwingungen, die in den genannten Systemen auftreten können. Von einer erzwungenen Schwingung sprechen wir im Gegensatz zu einer freien Schwingung dann, wenn nicht nur Trägheits-, Dämpfungs- und Federkräfte ins Spiel kommen, wenn vielmehr außerdem noch explizit von der Zeit abhängige Kräfte $p(t)$ (Erregerkräfte, Störkräfte) auftreten, so daß an die Stelle der homogenen Bewegungsgleichung (6.3) die inhomogene

$$a\ddot{q} + b\dot{q} + cq = p(t) \tag{7.1}$$

tritt. Diese Erregerkräfte $p(t)$ können irgendwelchen Verlauf haben. Uns interessieren zunächst wieder nur periodisch verlaufende Kräfte. Nach dem Fourierschen Theorem kann jede periodische

---
[1] Weitere Eigenschaften dieser Schwingung siehe unter I 34.
[2] Bögel, K.: Ing.-Arch. Bd. 12 (1941) S. 247.

Funktion in Harmonische zerlegt werden, und da unsere Differentialgleichung linear ist, können wir deshalb den Einfluß eines jeden einzelnen harmonischen Bestandteiles in der Erregerkraft $p(t)$ getrennt untersuchen.

Die große Bedeutung linearer Differentialgleichungen liegt an dieser Stelle begründet: Nicht so sehr, weil die homogenen Differentialgleichungen sich leichter lösen lassen, wenn sie linear sind, als weil bei inhomogenen Differentialgleichungen (Gleichungen mit Störfunktion) der Einfluß der einzelnen Bestandteile der Störfunktion getrennt untersucht werden darf, spielt die Linearität der Differentialgleichungen eine solch große Rolle. Die Möglichkeit der Untersuchung einzelner Bestandteile der Störfunktion entfällt bei den nicht-linearen Gleichungen. Daher rührt die große Umständlichkeit in der Behandlung dieser Gleichungen und die Schwierigkeit, zu allgemeinen Aussagen über ihre Lösungen zu gelangen.

Die im Mittelpunkt aller weiteren Erörterungen stehende Differentialgleichung lautet daher

$$a\ddot{q} + b\dot{q} + cq = P\cos\Omega t. \qquad (7.2)$$

Ω ist die Kreisfrequenz der harmonischen Störkraft, die „Störfrequenz" (Erregerfrequenz). Wir bezeichnen sie mit dem großen Buchstaben zur deutlichen Unterscheidung gegenüber der von den Konstanten des Schwingers abhängigen Eigenfrequenz $\omega = \sqrt{\dfrac{c}{a}}$.

Die Differentialgleichung (7.2) ist eine lineare, inhomogene Differentialgleichung zweiter Ordnung. Ihre allgemeine Lösung q setzt sich zusammen aus der allgemeinen Lösung q_h der verkürzten (homogenen) Differentialgleichung (6.3) und einem partikularen Integral q_p der inhomogenen

$$q = q_h + q_p.$$

Da der erste Anteil, q_h (6.4), eine abklingende Schwingung oder eine Kriechbewegung darstellt, beeinflußt er die Bewegung in ihrem späteren Verlauf nicht mehr. Wir werden ihn deshalb zunächst überhaupt außer acht lassen und nur den partikularen Lösungsanteil q_p, die eigentliche erzwungene Bewegung, behandeln. Der Anteil q_h, in welchem die Integrationskonstanten enthalten sind, ist im wesentlichen für die Erfüllung der Anfangsbedingungen von Bedeutung[1].

---

[1] Es bürgern sich in diesem Zusammenhang folgende Bezeichnungen ein: Der nach dem Aufbringen (Einschalten) der Erregung sich einstellende Vorgang heißt Einschwingvorgang (oder Einschaltvorgang). Der nach

Ziff. 7. Die erzwungenen Schwingungen.

Für die Auffindung der partikularen Lösung von (7.2) erweist es sich als zweckmäßig, zur komplexen Schreibweise überzugehen:

$$a\ddot{\mathfrak{q}} + b\dot{\mathfrak{q}} + c\mathfrak{q} = \mathfrak{P}e^{i\Omega t}. \tag{7.2a}$$

[Durch Bildung des Realteils von (7.2a) kehrt man zu (7.2) zurück.]
Hier „versuchen" wir nun den Ansatz

$$\mathfrak{q} = \mathfrak{Q}e^{i\Omega t}, \tag{7.3}$$

der gleichwertig ist mit der reellen Schreibweise

$$q = Q \cos(\Omega t + \alpha), \tag{7.3a}$$

d. h. wir untersuchen, ob der erzwungene Ausschlag mit derselben Frequenz Ω harmonisch verlaufen kann wie die erregende Kraft, wobei wir die Bestimmungsstücke der komplexen Amplitude $\mathfrak{Q}$ (d. h. die reelle Amplitude Q und den Phasenverschiebungswinkel α) offen lassen.

Durch Einsetzen von (7.3) in (7.2a) findet man nach Division durch $e^{i\Omega t}$ die im Mittelpunkt aller folgenden Erörterungen stehende Gleichung

$$(-a\Omega^2 + ib\Omega + c)\mathfrak{Q} = \mathfrak{P} \tag{7.4}$$

als Beziehung zwischen der komplexen Amplitude $\mathfrak{Q}$ des erzwungenen Ausschlags und der komplexen Amplitude $\mathfrak{P}$ der erregenden Kraft. Sie dient zur Bestimmung von $\mathfrak{Q}$.

Machen wir uns die gegenseitige Lage der Vektoren an einem Bild klar (Abb. 7/1): Es sind zwei verschiedene Fälle möglich, je nachdem, ob $\Omega < \omega$ oder $\Omega > \omega$ ist. Wegen $c = a\omega^2$ ist nämlich im ersten Fall $|c\mathfrak{Q}| > |a\Omega^2\mathfrak{Q}|$, und ein Vektorpolygon nach (7.4) kommt nur zustande, wenn $\mathfrak{Q}$ und $\mathfrak{P}$ so liegen, wie Abb. 7/1a angibt, d. h., wenn der Phasenverschiebungswinkel α ein Nacheilwinkel $\varepsilon = -\alpha$ ist und sein Betrag unter $\pi/2$ bleibt.

---

dem Beseitigen (Ausschalten) der Erregung sich anschließende Vorgang heißt Ausschwingvorgang (oder Ausschaltvorgang). Dieser besteht immer aus einer freien Schwingung (oder Kriechbewegung) des Schwingers. Der Einschwingvorgang kann bei den hier allein betrachteten, einer linearen Bewegungsgleichung gehorchenden Schwingern aus der erzwungenen und der freien Bewegung zusammengesetzt werden. Die Differenz aus Einschwingvorgang und erzwungener Bewegung (also die freie Bewegung) heißt Ausgleichsvorgang; er gleicht den Unterschied zwischen den vorhandenen und den vom erzwungenen Zustand geforderten Anfangswerten aus.

Im zweiten Fall wird $|a\Omega^2\mathfrak{Q}| > |c\mathfrak{Q}|$, und der Betrag des Nacheilwinkels übersteigt $\pi/2$, so wie Abb. 7/1b angibt.

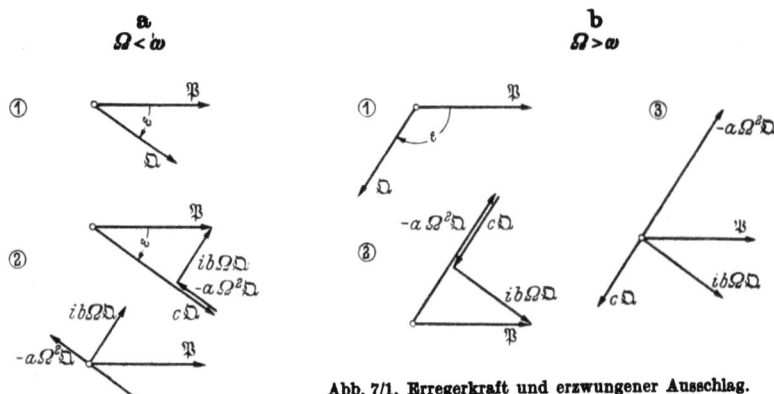

Abb. 7/1. Erregerkraft und erzwungener Ausschlag.

① Erregerkraft und Ausschlag
② Krafteck
③ Kräfte einzeln

Man kann nun fragen, wie der Endpunkt des Vektors $\mathfrak{Q}$ wandert, wenn irgendwelche Parameter der Gl. (7.2) geändert werden, z. B. die Erregerfrequenz Ω, die Masse a, der Dämpfungsfaktor b, die Federzahl c. Der Endpunkt des Vektors $\mathfrak{Q}$ beschreibt dann jeweils eine Kurve. Aus ihr kann alles Wissenswerte über die erzwungenen Schwingungen abgelesen werden: Die Frequenz ist ohnehin bekannt, sie ist Ω; die übrigen Bestimmungsstücke einer harmonischen Schwingung, nämlich (reelle) Amplitude und Phasenverschiebungswinkel werden durch $\mathfrak{Q}$, d. i. die komplexe Amplitude der erzwungenen Schwingung, geliefert. Die Betrachtung der geometrischen Örter der Endpunkte der komplexen Amplitude heißt Ortskurventheorie. Sie ist in der elektrischen Wechselstromtechnik schon lange zu großer Vollkommenheit ausgebildet worden. Auch bei der Untersuchung mechanischer Schwingungen ist sie ein bequemes und machtvolles Hilfsmittel[1].

Man sieht hier deutlich den Nutzen ein, den die Behandlung der Schwingungen „auf dem komplexen Wege", d. h. ihr Ersatz durch die Vektoren der erzeugenden Kreisbewegung bietet. Die Behandlung der (harmonischen) Schwingungsvorgänge wird auf die Behandlung der komplexen Amplituden dieser Schwingungen, also auf eine reine Aufgabe der Vektoralgebra zurückgeführt. An die Stelle der Differentialgleichungen [z. B. (7.2)] treten algebraische Gleichungen [z. B. (7.4)]. Alle notwendigen Schlüsse lassen sich aus diesen algebraischen Gleichungen ziehen.

---
[1] Vgl. I 51, 52, 54.

8. Kinetische Einflußzahlen; Vergrößerungsfunktionen und Phasenverschiebungswinkel. α) Die kinetischen Einflußzahlen.

An die grundlegend wichtige Gleichung (7.4) schließen wir einige weitere Erörterungen an, die uns für alles Spätere überaus nützlich sein werden.

Die drei Kräfte auf der linken Seite der Gleichung sind der Reihe nach

$$\left.\begin{array}{l}\text{die Trägheitskraft}\quad \mathfrak{P}_a = -a\,\Omega^2\,\mathfrak{Q},\\ \text{die Dämpfungskraft}\quad \mathfrak{P}_b = i\,b\,\Omega\,\mathfrak{Q},\\ \text{die Federkraft}\quad \mathfrak{P}_c = c\,\mathfrak{Q};\end{array}\right\} \quad (8.1\text{a})$$

ihre vektorielle Summe ist die Erregerkraft $\mathfrak{P}$,

$$\mathfrak{P}_a + \mathfrak{P}_b + \mathfrak{P}_c = \mathfrak{P}. \quad (8.1\text{b})$$

Wir bilden nun die Quotienten der drei genannten Kräfte mit der Erregerkraft $\mathfrak{P}$. Als Quotienten komplexer Zahlen sind sie wieder komplex, als Quotienten von Kräften dimensionslos. Für die Erregerkraft $\mathfrak{P}$ schreiben wir dabei die Summe nach (7.4) an. Schließlich benutzen wir noch die in (6.5) schon eingeführte Abkürzung

$$\mathsf{D} = \frac{\delta}{\omega} = \frac{b}{2\sqrt{ac}} \quad (8.2\text{a})$$

für das Dämpfungsmaß und die weitere,

$$\eta = \frac{\Omega}{\omega} \quad (8.2\text{b})$$

für das Verhältnis von Erregerfrequenz zu Eigenfrequenz (des ungedämpft gedachten Schwingers) (Frequenzverhältnis). So kommen drei bedeutungsvolle Größen zustande, auf die wir immer wieder zurückgreifen werden:

$$\mathfrak{h}_1 = \frac{\mathfrak{P}_a}{\mathfrak{P}} = \frac{-a\Omega^2}{-a\Omega^2 + ib\Omega + c} = \frac{-\eta^2}{1-\eta^2 + 2\mathsf{D}\eta i}$$
$$= \frac{-\eta^2[(1-\eta^2) - 2\mathsf{D}\eta i]}{(1-\eta^2)^2 + 4\mathsf{D}^2\eta^2}, \quad (8.3\text{a})$$

$$\mathfrak{h}_2 = \frac{\mathfrak{P}_b}{\mathfrak{P}} = \frac{ib\Omega}{-a\Omega^2 + ib\Omega + c} = \frac{2\mathsf{D}\eta i}{1-\eta^2 + 2\mathsf{D}\eta i}$$
$$= \frac{2\mathsf{D}\eta[2\mathsf{D}\eta + i(1-\eta^2)]}{(1-\eta^2)^2 + 4\mathsf{D}^2\eta^2}, \quad (8.3\text{b})$$

$$\mathfrak{h}_3 = \frac{\mathfrak{P}_c}{\mathfrak{P}} = \frac{c}{-a\Omega^2 + ib\Omega + c} = \frac{1}{1-\eta^2 + 2\mathsf{D}\eta i}$$
$$= \frac{(1-\eta^2) - 2\mathsf{D}\eta i}{(1-\eta^2)^2 + 4\mathsf{D}^2\eta^2}. \quad (8.3\text{c})$$

Gleichung (7.4) oder (8.1b) wird dann zu

$$\mathfrak{y}_1 + \mathfrak{y}_2 + \mathfrak{y}_3 = 1. \qquad (8.4)$$

Das zugehörige Vektorbild zeigt Abb. 8/1. Es entspricht Abb. 7/1a mit dem Einheitsvektor als Erregerkraft.

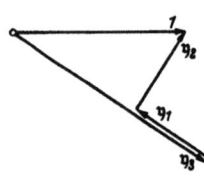

Abb. 8/1. Krafteck von Abb. 7/1a in dimensionsloser Auftragung; reduzierte kinetische Einflußzahlen.

Die komplexen Zahlen $\mathfrak{y}$ nennen wir „reduzierte kinetische Einflußzahlen". Wir wollen diese Bezeichnung noch erläutern. Das Verhältnis eines statischen Ausschlags Q zur einwirkenden Kraft P ist die statische Einflußzahl

$$h = \frac{1}{c} = \frac{Q}{P}.$$

Unter Benutzung jeweils der dritten Gleichung von (8.1) und (8.3) erhält man als Beziehung zwischen der komplexen Ausschlagsamplitude $\mathfrak{Q}$ und der komplexen Erregerkraftamplitude $\mathfrak{P}$ die Gleichung

$$\mathfrak{Q} = \frac{1}{c} \mathfrak{P} \mathfrak{y}_3, \qquad (8.5)$$

daher als Quotienten

$$\frac{\mathfrak{Q}}{\mathfrak{P}} = \frac{1}{c} \mathfrak{y}_3. \qquad (8.5a)$$

Dieser Quotient, also die Größe

$$\mathfrak{h} = \frac{1}{c} \mathfrak{y}_3 = h \mathfrak{y}_3, \qquad (8.5b)$$

heißt in Analogie zur statischen Einflußzahl die (komplexe) kinetische Einflußzahl. Schließlich heißt $\mathfrak{y}_3$ selber als Quotient $\mathfrak{h}/h$ aus der (komplexen) kinetischen und der statischen Einflußzahl die (komplexe) reduzierte kinetische Einflußzahl.

Die Beträge $h\,|\,\mathfrak{y}_3|$ bzw. $|\,\mathfrak{y}_3\,|$ selber können demgemäß als reelle kinetische Einflußzahl bzw. als reelle reduzierte kinetische Einflußzahl bezeichnet werden. (An Stelle der letzten Bezeichnung wird für $|\,\mathfrak{y}_3\,|$ in kurzem die Bezeichnung „Vergrößerungsfunktion" eingeführt und weiterhin benutzt werden.)

β) **Vergrößerungsfunktionen und Phasenverschiebungswinkel.** Die Untersuchung der Ortskurven der Größen $\mathfrak{y}_1$ bis $\mathfrak{y}_3$ entspricht der Untersuchung der Kraftamplituden $\mathfrak{P}_a$ bis $\mathfrak{P}_c$ und liefert dieselben Aufschlüsse über die zwischen Erregerkraftamplitude $\mathfrak{P}$ und erzwungener Ausschlagamplitude $\mathfrak{Q}$ bestehenden Beziehungen. Wir wollen die weitere Untersuchung jedoch nicht

Ziff. 8. Kinetische Einflußzahlen; Vergrößerungsfunktionen.

mehr in komplexer Form, d. h. durch Behandlung der Ortskurven, durchführen, sondern jetzt zu der den meisten Lesern geläufigeren Form übergehen, indem wir die beiden gesuchten Bestimmungsstücke der erzwungenen Schwingung, die in der komplexen Amplitude $\mathfrak{Q}$ von (8.5) stecken, nämlich die (reelle) Amplitude Q und den Phasenverschiebungswinkel α, getrennt ermitteln.

Die erste der gesuchten Aussagen, die über die Amplitude, erhält man dadurch, daß man die Beträge der komplexen Größen in (8.5) bildet; sie lautet:

$$Q = |\mathfrak{Q}| = \frac{1}{c}|\mathfrak{P}| \; |\mathfrak{y}_3| = \frac{1}{c} P V_3. \qquad (8.6a)$$

Den Betrag $|\mathfrak{y}_3|$ der komplexen Zahl $\mathfrak{y}_3$ bezeichnen wir mit V_3 und nennen ihn „Vergrößerungsfunktion". [Entsprechend werden wir später die Beträge der komplexen Zahlen $\mathfrak{y}_2$ und $\mathfrak{y}_1$ mit V_2 und V_1 bezeichnen, und ferner die Beträge der Summen $(\mathfrak{y}_1 + \mathfrak{y}_2)$ und $(\mathfrak{y}_2 + \mathfrak{y}_3)$ mit $V_{1,2}$ und $V_{2,3}$.] Aus (8.3c) kommt

$$V_3 = |\mathfrak{y}_3| = \frac{1}{\sqrt{(1-\eta^2)^2 + 4 D^2 \eta^2}}. \qquad (8.6b)$$

Die Vergrößerungsfunktion V_3 erweist sich in dem gegenwärtig besprochenen Zusammenhang [Gl. (8.6a)] als diejenige Zahl, die sagt, um wievielmal die Amplitude Q des erzwungenen Ausschlags größer ist als der statische Ausschlag $d = P/c$, der unter Wirkung einer ruhenden Kraft P am gleichen Schwinger zustande käme. Diese in der Gl. (8.6a) steckende Deutung für die Vergrößerungsfunktion V_3 ist nicht die einzig vorkommende; neben ihr spielt eine zweite ebenfalls eine wichtige Rolle. Durch Multiplizieren mit c wird aus Gl. (8.6a)

$$cQ = PV_3. \qquad (8.7a)$$

Für cQ läßt sich nach der dritten Gleichung von (8.1a) auch $|\mathfrak{P}_c|$ schreiben. Diese Größe bedeutet nun die Amplitude der harmonischen Wechselkraft, die in der Feder des Schwingers und auch an ihrem Fußpunkt und ihrem Endpunkt auftritt. Man sieht also, daß die Beanspruchung der Feder durch eine harmonisch veränderliche Kraft der Amplitude P nicht diese Amplitude P selbst hat, sondern ihr durch V_3 angegebenes Vielfaches.

Demgemäß verhalten sich auch die Spannungen. Ruft eine ruhende Kraft P in irgend einem Glied des als Feder dienenden elastischen Gebildes eine Spannung σ_{stat} hervor, so bewirkt eine harmonische Wechselkraft mit der Amplitude P in jenem Glied eine harmonische Wechselspannung mit der Amplitude

$$\sigma = \sigma_{stat} V_3. \qquad (8.7\,\text{b})$$

Andere Deutungen werden uns später beschäftigen.

Eine komplexe Größe hat — wie gesagt — neben ihrem Betrag, den wir soeben untersucht haben, noch ein zweites Bestimmungsstück: ihr Argument. Die komplexen reduzierten kinetischen Einflußzahlen $\mathfrak{h}_k$ sind [vgl. (8.3)] Quotienten von komplexen Amplituden; daher geben ihre Argumente die Phasenverschiebungswinkel zwischen zwei harmonischen Schwingungen an. Zur Ermittlung dieses Phasenverschiebungswinkels bedarf es nun noch einiger Festsetzungen. Während das Argument α einer komplexen Zahl als positiv betrachtet wird und Werte zwischen 0 und 2π annimmt, ist es üblich, die Beträge der Phasenverschiebungswinkel nicht über π anwachsen zu lassen, sondern einen Voreilwinkel und einen Nacheilwinkel zu unterscheiden, deren Beträge jeweils π nicht überschreiten (Abb. 8/2). Zur deutlichen Unterscheidung soll im folgenden der Phasenverschiebungswinkel, wenn er ein Voreilwinkel ist, stets mit γ, wenn er ein Nacheilwinkel ist, stets mit ε bezeichnet werden [beide positiv gerechnet, so daß beim Voreilen z. B. $\cos(\Omega t + \gamma)$, beim Nacheilen $\cos(\Omega t - \varepsilon)$ geschrieben wird]. Der zum Argument α einer reduzierten kinetischen Einflußzahl $\mathfrak{h}_k$ gehörende Voreil- oder Nacheilwinkel läßt sich demnach in folgender Weise definieren:

$$\left.\begin{array}{l} \alpha = \gamma_k = \\ 2\pi - \alpha = \varepsilon_k = \end{array}\right\} \operatorname{arc\,tg} \frac{|\Im\mathfrak{m}(\mathfrak{h}_k)|}{\Re\mathfrak{e}(\mathfrak{h}_k)} \left\{\begin{array}{l} \text{falls } \Im\mathfrak{m}(\mathfrak{h}_k) > 0, \\ \text{falls } \Im\mathfrak{m}(\mathfrak{h}_k) < 0. \end{array}\right\} \qquad (8.8)$$

Dabei ist für die Funktion arc tg ihr Hauptwert einzusetzen, der zwischen 0 und π liegt.

Der Phasenverschiebungswinkel zwischen den komplexen Amplituden $\mathfrak{Q}$ und $\mathfrak{P}$, der nach Gl. (8.5) durch $\mathfrak{h}_3$ bestimmt wird, ist, da nach (8.3c) $\Im\mathfrak{m}(\mathfrak{h}_3) < 0$ ist, ein Nacheilwinkel; für ihn kommt

$$\varepsilon_3 = \operatorname{arc\,tg} \frac{2D\eta}{1-\eta^2}. \qquad (8.9)$$

Die komplexe Amplitude $\mathfrak{Q}$ liegt hinter der Amplitude $\mathfrak{P}$, die erzwungene Schwingung eilt der Erregerkraft nach.

γ) **Erörterung der Vergrößerungsfunktion $V_3(\eta, D)$ und des Nacheilwinkels $\varepsilon_3(\eta, D)$.** Die Vergrößerungsfunktion

Ziff. 8. Kinetische Einflußzahlen; Vergrößerungsfunktionen. 31

V_3 hängt von zwei Argumenten ab, vom Frequenzverhältnis η und vom Dämpfungsmaß D. Sie läßt sich daher z. B. in einem räumlichen kartesischen Koordinatensystem darstellen, auf dessen drei Achsen V_3, η und D abgetragen werden; so entsteht ein „Gebirge" als Bild der Funktion. Auf die gleiche Weise läßt sich

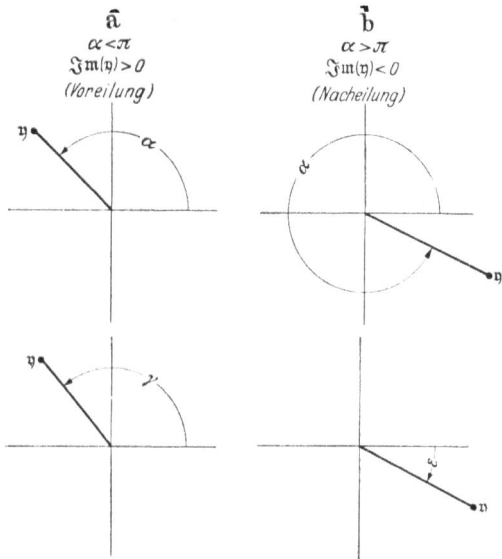

Abb. 8/2. Argument α, Voreilwinkel γ, Nacheilwinkel ε einer komplexen, kinetischen Einflußzahl η.

$\varepsilon_3(\eta, D)$ darstellen. Ein perspektivisches Bild solcher Auftragungen findet sich im Archiv für techn. Messen[1].

Wir benutzen hier eine ebene Darstellung, indem wir Kurvenscharen $V_3(\eta)$ bzw. $\varepsilon_3(\eta)$ mit D als Parameter auftragen. Die Schar $V_3(\eta)$ ist in Abb. 8/3, die Schar $\varepsilon_3(\eta)$ in Abb. 8/4a wiedergegeben. Als Parameter aller Kurvenscharen dient das Dämpfungsmaß D. Aus Gründen, die später erst deutlich werden können, ist in beiden Diagrammen nicht η selbst als Abszisse gewählt, sondern eine Größe ζ, für die gilt

$$\left. \begin{aligned} \zeta &= \eta & \text{im Bereich} \quad 0 \leq \eta \leq 1, \\ \zeta &= 2 - \frac{1}{\eta} & \text{im Bereich} \quad 1 \leq \eta \leq \infty. \end{aligned} \right\} \quad (8.10)$$

---

[1] Zöllich, H.: ATM, V 365—3.

Mit anderen Worten: Der Bereich der Abszissenwerte η zwischen 1 und ∞ ist für ζ auf das Intervall zwischen 1 und 2 zusammen-

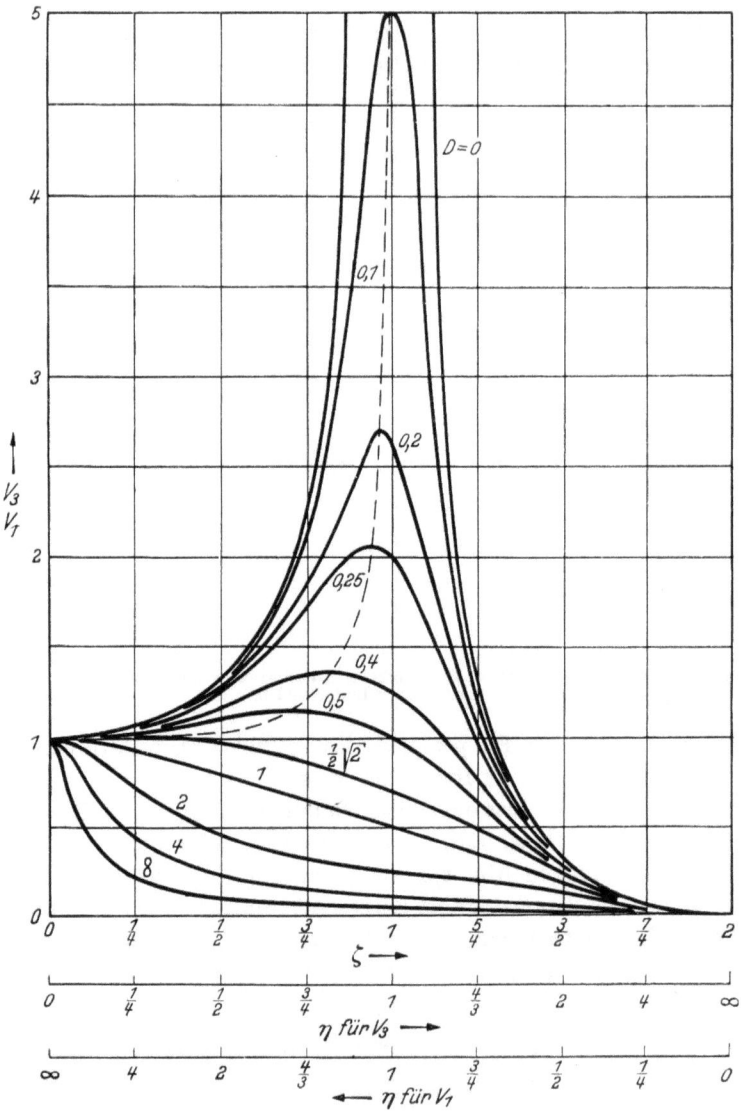

Abb. 8/3. Vergrößerungsfunktionen V_3 und V_1.

Ziff. 8. Kinetische Einflußzahlen; Vergrößerungsfunktionen. 33

gedrängt worden, und zwar ist vom rechten Endpunkt der Abszissenachse aus jeweils $1/\eta$ abgetragen. Auf diese Weise erreicht

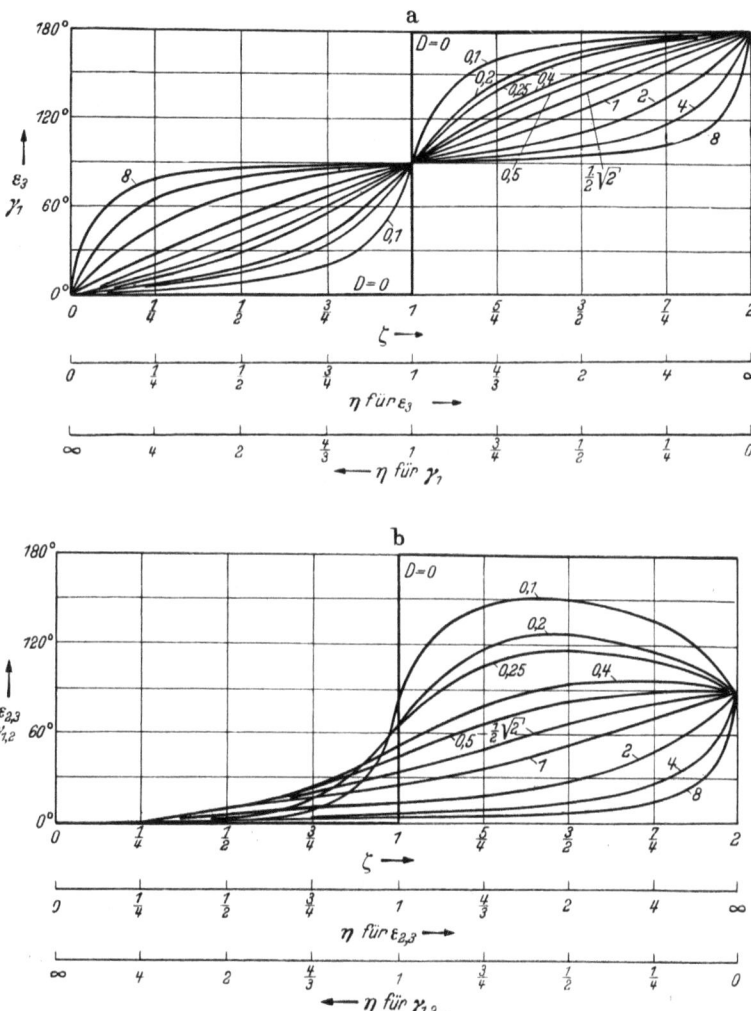

Abb. 8/4. Phasenverschiebungswinkel.

man, daß sämtliche Frequenzverhältnisse von 0 bis ∞ auf einer endlichen Strecke erscheinen. (Der wesentliche Grund für diese

Klotter, Schwingungsmessung.

Art der Auftragung ist jedoch ein anderer und wird bald deutlich werden.)

Da wir späterhin noch auf eine Reihe von Eigenschaften der Kurvenscharen $V_3(\eta)$ und $\varepsilon_3(\eta)$ einzugehen haben werden, erörtern wir sie schon an dieser Stelle etwas näher.

Jeder Kurve der Schar V_3 ist ein bestimmter Wert des Dämpfungsmaßes D zugeordnet. Die Kurven, die zu Werten $D > 0$ gehören, liegen in ihrem ganzen Verlauf unter der zu $D = 0$ gehörigen Kurve; ja noch allgemeiner: Ist $D_2 > D_1$, so liegt die zu D_2 gehörige Kurve in ihrem ganzen Verlauf unter der zu D_1 gehörigen. Für große Werte η gehen alle Kurven nach Null. Alle Kurven beginnen für $\eta = 0$ mit dem Wert $V_3 = 1$. Die Ableitung

$$\frac{\partial V_3}{\partial \eta} = \eta \frac{2(1-\eta^2) - 4D^2}{[(1-\eta^2)^2 + 4D^2\eta^2]^{7/2}} \tag{8.11}$$

zeigt, daß die Kurven von der Stelle $\eta = 0$ auch alle mit horizontaler Tangente ausgehen.

Für kleine Werte des Dämpfungsmaßes D erreicht die Vergrößerungsfunktion V_3 beträchtliche Werte, wenn η gegen 1, d. h. Ω gegen ω rückt. Diese Erscheinung ist unter dem Namen Resonanz bekannt und geläufig.

Der Wert, den V_3 für $\eta = 1$ annimmt, ist

$$V_3(1) = \frac{1}{2D}. \tag{8.12}$$

Je kleiner D ist, um so höher steigen die Kurven an. Die zu $D = 0$ gehörende geht dabei sogar über alle Grenzen; die übrigen bleiben beschränkt. Die Maxima der einzelnen Kurven liegen jedoch nicht an der Stelle $\eta = 1$, sondern links davon. Man findet die Stelle η_0 des Maximums durch Nullsetzen der Ableitung (8.11) zu

$$\eta_0 = \sqrt{1 - 2D^2}. \tag{8.13a}$$

Ermittelt man die Beträge der Maxima, so findet man

$$V_3(\eta_0) = \frac{1}{\sqrt{1-\eta_0^4}} = \frac{1}{2D\sqrt{1-D^2}}. \tag{8.13b}$$

Die erste Gl. (8.13b) gibt die „Kurve der Maxima" an, die in der Abb. 8/3 (gestrichelt) mit eingezeichnet ist; die der zweiten Gl. von (8.13b) entsprechende Kurve ist als Kurve $V_{3\,\mathrm{max}}$ in

Ziff. 8. Kinetische Einflußzahlen; Vergrößerungsfunktionen.

Abb. 6/4 schon eingezeichnet. Dort ist übrigens auch die Kurve $V_3(1)$ als Funktion von D entsprechend Gl. (8.12) angegeben.

Aus (8.13a) erkennt man, daß es Maxima außerhalb der Stelle $\eta = 0$ nur gibt, solange $D < \frac{1}{2}\sqrt{2}$ ist. An der Stelle $\eta = 0$ haben die Kurven entweder ein Minimum oder ein Maximum, je nachdem das Dämpfungsmaß D kleiner oder größer als $\frac{1}{2}\sqrt{2}$ ist. Für $D = \frac{1}{2}\sqrt{2}$ fällt die Stelle η_0 selbst nach Null. Es rücken dann das Maximum und das Minimum der Kurve für diesen Wert der Dämpfung zusammen. Wegen des Zusammenfallens von Maximum und Minimum (Verschwinden der Krümmung) ist ein möglichst langes Verweilen der Kurve in der Nähe des Wertes $V_3 = 1$ gesichert, ein Umstand, dessen Bedeutung für die Messung periodischer Schwingungen wir noch erörtern werden (Ziff. 13).

Auf noch andere Weise erkennt man das über das Verhalten der Kurven für kleine Werte η Gesagte, wenn man die Funktion $V_3(\eta)$ in der Umgebung der Stelle $\eta = 0$ in Potenzen nach η^2 entwickelt. Diese Entwicklung lautet

$$V_3(\eta) = 1 + \eta^2(1 - 2D^2) + \eta^4(1 - 6D^2 + 6D^4) + \cdots. \quad (8.14)$$

Man erkennt auch aus (8.14), daß jene Kurve in der Nähe des Nullpunktes die geringste Schwankung mit η aufweist, für die $1 - 2D^2 = 0$ ist, und auch, daß in diesem Fall der Faktor von η^4 negativ ist, so daß die Kurve zu fallen beginnt.

Der genannte Sachverhalt läßt sich noch anders ausdrücken: Die zu $D = \frac{1}{2}\sqrt{2}$ gehörige Kurve hat an der Stelle $\eta = 0$ außer einer verschwindenden ersten Ableitung (wie sie alle Kurven zeigen) auch eine verschwindende zweite (und, wieder allen gemeinsam, auch eine verschwindende dritte) Ableitung. Die vierte ist die niedrigste an der Stelle $\eta = 0$ nicht verschwindende Ableitung; sie ist negativ.

Die Kurven $\varepsilon_3(\eta, D)$ des Nacheilwinkels gehen alle durch die Punkte $\eta = 0$, $\varepsilon_3 = 0$ und $\eta = \infty$, $\varepsilon_3 = \pi$; ferner gehen sie alle durch den Punkt $\eta = 1$, $\varepsilon_3 = \pi/2$, mit Ausnahme der für $D = 0$ geltenden Kurve, die an der Stelle $\eta = 1$ überhaupt nicht erklärt ist. Unterhalb $\eta = 1$ fällt diese letztgenannte Kurve mit der Abszissenachse zusammen, oberhalb zeigt sie den konstanten Wert $\varepsilon_3 = \pi$.

δ) **Die Vergrößerungsfunktion V_1 und der Voreilwinkel γ_1.** Bisher untersuchten wir den Fall, in dem die Amplitude der Erregerkraft einen konstanten Betrag P hatte, also selbst von der Frequenz nicht abhing. Werden aber die Erregerkräfte z. B. durch umlaufende Massen hervorgerufen, so hängen ihre Amplituden von der Erregerfrequenz Ω selbst ab. Die Differentialgleichung der Bewegung lautet in einem solchen Fall

$$(a+a_2)\ddot{q} + b\dot{q} + cq = a_2 \Omega^2 U \cos\Omega t, \quad (8.15)$$

wenn U der Radius ist, auf dem die Masse a_2 mit der Winkelgeschwindigkeit Ω umläuft. (In der Regel läßt man in solchen „Pulsatoren" zwei Massen $a_2/2$ gegenläufig umlaufen, Abb. 8/5.)

In komplexer Schreibweise lautet die Gl. (8.15)

$$(a+a_2)\ddot{\mathfrak{q}} + b\dot{\mathfrak{q}} + c\mathfrak{q} = a_2 \Omega^2 \mathfrak{U}\, e^{i\Omega t}. \quad (8.15\mathrm{a})$$

Mit dem Ansatz (7.3) kommt

$$\mathfrak{Q}\,[-(a+a_2)\Omega^2 + ib\Omega + c] = a_2 \Omega^2 \mathfrak{U}. \quad (8.15\mathrm{b})$$

Mit Hilfe der Gl. (8.3a) folgt daraus die komplexe Amplitude des Ausschlags in der Form

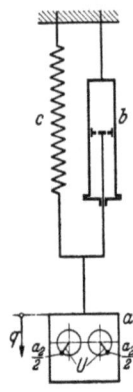

Abb. 8/5. Schwinger mit Massenkrafterregung.

$$\mathfrak{Q} = -\frac{a_2}{a+a_2}\,\mathfrak{U}\,\mathfrak{y}_1, \quad (8.16)$$

wenn in $\mathfrak{y}_1$ die Masse a durch $(a+a_2)$ ersetzt wird. Dieser Ersatz soll auch gelten bei den in dieser Ziffer im Zusammenhang mit $\mathfrak{y}_1$ später noch auftretenden Größen ω und δ (und damit auch bei η und D).

Die reelle Amplitude Q erhalten wir aus (8.16) durch Bildung der Beträge der komplexen Zahlen. So kommt

$$Q = |\mathfrak{Q}| = \frac{a_2}{a+a_2}\, U\, |\mathfrak{y}_1| = \frac{a_2}{a+a_2}\, U V_1, \quad (8.16\mathrm{a})$$

wenn (wie zuvor erwähnt) $|\mathfrak{y}_1| = V_1$ gesetzt wird. Diese Vergrößerungsfunktion V_1 wird uns später noch in ganz anderen Zusammenhängen begegnen.

Unter Benutzung von Gl. (8.3a) findet man für die Vergrößerungsfunktion V_1 nach leichter Rechnung und unter Beachtung, daß die Masse hier $(a+a_2)$ ist, den Ausdruck

$$V_1 = |\mathfrak{y}_1| = \frac{\eta^2}{\sqrt{(1-\eta^2)^2 + 4D^2\eta^2}}. \quad (8.16\mathrm{b}$$

Ziff. 8. Kinetische Einflußzahlen; Vergrößerungsfunktionen.

Mit der vorher erwähnten Vergrößerungsfunktion V_3 hängt sie auf folgende Weise zusammen: Erstens ist

$$V_1(\eta) = \eta^2 V_3(\eta), \qquad (8.17a)$$

und zweitens

$$V_1\left(\frac{1}{\eta}\right) = V_3(\eta) \quad \text{oder umgekehrt} \quad V_3\left(\frac{1}{\eta}\right) = V_1(\eta). \qquad (8.17b)$$

Die zuletzt angegebenen Beziehungen (8.17b) erlauben nun, die beiden Kurvenscharen V_3 und V_1 in einem einzigen Diagramm unterzubringen. Das gelingt, wenn man als Abszisse nicht η selbst, sondern die durch (8.10) definierte Größe ζ benutzt. Zu dem früher erwähnten Vorteil, den ganzen Wertebereich auf einer endlichen Strecke unterzubringen, tritt nun als zweiter und wesentlicher noch der, daß man für die beiden Kurvenscharen V_3 und V_1 nur ein einziges Diagramm benötigt (Abb. 8/3).

Wir ermitteln nun noch den zu $\mathfrak{y}_1$ gehörenden Phasenverschiebungswinkel, der nach (8.16) die Phasenverschiebung zwischen $\mathfrak{Q}$ und $(-\mathfrak{U})$ angibt. Nach der allgemeinen Definition (8.8) kommt aus (8.3a), da $\mathfrak{Im}(\mathfrak{y}_1) > 0$ ist,

$$\gamma_1 = \text{arc tg} \frac{|\mathfrak{Im}(\mathfrak{y}_1)|}{\mathfrak{Re}(\mathfrak{y}_1)} = \text{arc tg}\left[\frac{2D\eta}{-(1-\eta^2)}\right]. \qquad (8.18)$$

Ein Vergleich mit (8.9) zeigt, daß zwischen den Phasenverschiebungswinkeln γ_1 und ε_3 die folgenden beiden Beziehungen bestehen:

$$\gamma_1 + \varepsilon_3 = \pi, \qquad (8.19a)$$

$$\gamma_1\left(\frac{1}{\eta}\right) = \varepsilon_3(\eta) \quad \text{oder umgekehrt} \quad \varepsilon_3\left(\frac{1}{\eta}\right) = \gamma_1(\eta). \qquad (8.19b)$$

Aus (8.19b) folgt, daß ebenso wie die Vergrößerungsfunktionen V_3 und V_1 sich in einem Diagramm unterbringen lassen, dessen Abszissen von links bzw. von rechts gezählt werden, auch die Winkel ε_3 und γ_1 sich auf die gleiche Weise darstellen lassen. Die Abb. 8/4a enthält also außer der Funktion $\varepsilon_3(\eta)$ auch die Funktion $\gamma_1(\eta)$; zu ihr gehört dann die von rechts nach links bezifferte Abszissenachse.

ε) **Weitere Vergrößerungsfunktionen und Phasenverschiebungswinkel.** Weiterhin erwähnen wir zwei Fälle, die uns später noch ausführlicher beschäftigen werden. Sie mögen auch als Beispiele dafür dienen, wie die Integration der Bewegungsgleichungen stets allein auf die Untersuchung der drei komplexen Zahlen $\mathfrak{h}_1$, $\mathfrak{h}_2$ und $\mathfrak{h}_3$ hinausläuft.

Erfolgt die Erregung eines Schwingers dadurch, daß sein Fußpunkt B mit dem Ausschlag $u(t)$ bewegt wird (Abb. 8/6), so hat die Bewegungsgleichung je nachdem, ob die Dämpfungskraft zwischen den Punkten C und A („Absolutdämpfung") oder den Punkten C und B („Relativdämpfung") wirkt, eine der Formen

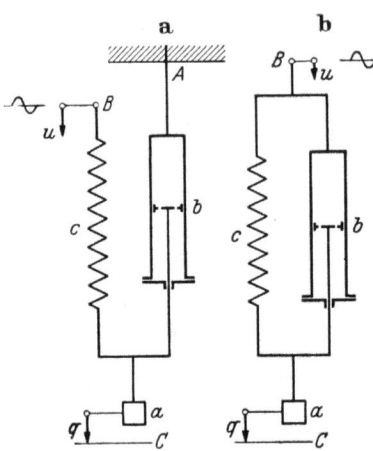

Abb. 8/6. Schwinger mit Fußpunktsanregung und a) absoluter Dämpfung, b) relativer Dämpfung.

$$a\ddot{q} + b\dot{q} + c(q-u) = 0 \qquad (8.20a)$$

oder

$$a\ddot{q} + b(\dot{q} - \dot{u}) + \\ + c(q-u) = 0. \qquad (8.20b)$$

Ordnet man nach unbekannten und bekannten Gliedern, so kommt im ersten Fall

$$a\ddot{q} + b\dot{q} + cq = cu, \qquad (8.21a)$$

im zweiten

$$a\ddot{q} + b\dot{q} + cq \\ = b\dot{u} + cu. \qquad (8.21b)$$

Wenn die Fußpunktsanregung harmonisch mit der Amplitude U und der Frequenz Ω erfolgt, lauten die Gleichungen in komplexer Schreibweise:

$$a\ddot{\mathfrak{q}} + b\dot{\mathfrak{q}} + c\mathfrak{q} = c\mathfrak{U}e^{i\Omega t} \qquad (8.22a)$$

bzw.

$$a\ddot{\mathfrak{q}} + b\dot{\mathfrak{q}} + c\mathfrak{q} = (c + ib\Omega)\mathfrak{U}e^{i\Omega t}. \qquad (8.22b)$$

Mit dem Ansatz $\mathfrak{q} = \mathfrak{Q}e^{i\Omega t}$ und unter Benutzung der in den Gln. (8.3) angegebenen komplexen Zahlen $\mathfrak{h}_k$ lassen sich die partikularen Lösungen der beiden Differentialgleichungen sofort anschreiben als

$$\mathfrak{Q} = \mathfrak{U}\mathfrak{h}_3. \qquad (8.23a)$$

im ersten Fall und

$$\mathfrak{Q} = \mathfrak{U}(\mathfrak{h}_2 + \mathfrak{h}_3) \qquad (8.23b)$$

im zweiten.

Wir untersuchen nun getrennt die reellen Bestimmungsstücke der komplexen Amplitude $\mathfrak{Q}$, ihre reelle Amplitude Q und ihren Phasenverschiebungswinkel α. Wir beginnen mit der Amplitude.

Ziff. 8. Kinetische Einflußzahlen; Vergrößerungsfunktionen.

Aus Gl. (8.23a) folgt
$$Q = U \mathsf{V}_3, \qquad (8.24a)$$
aus (8.23b)
$$Q = U \mathsf{V}_{2,3}, \qquad (8.24b)$$
wenn wir die zuvor erwähnte Bezeichnung $\mathsf{V}_{2,3}$ benutzen. Rechnet man sich $\mathsf{V}_{2,3}$ als Funktion von η und D aus, so kommt
$$\mathsf{V}_{2,3} = |\mathfrak{y}_2 + \mathfrak{y}_3| = \frac{\sqrt{1 + 4 D^2 \eta^2}}{\sqrt{(1 - \eta^2)^2 + 4 D^2 \eta^2}}. \qquad (8.25)$$

Die zugehörigen Kurven zeigt Abb. 8/7.

Aus der Gl. (8.24a) folgt nun noch eine dritte Deutung für die Vergrößerungsfunktion V_3: Der Wert V_3 gibt an, um wievielmal die Amplitude Q des erzwungenen Ausschlags größer ist als die Amplitude U des Erregerausschlags (oder Ausschlags am Federfußpunkt), wenn die Dämpfung eine „Absolutdämpfung" ist. Bei Vorhandensein einer Relativdämpfung übernimmt die Vergrößerungsfunktion $\mathsf{V}_{2,3}$ die Rolle von V_3.

Bei der Erörterung der Kurvenschar $\mathsf{V}_{2,3}$ können wir uns kürzer fassen als bei der von V_3. Der erste ins Auge springende Unterschied gegenüber dieser Schar ist, daß die Kurve für ein Dämpfungsmaß $D_2 > D_1$ nicht mehr durchweg unter der Kurve für D_1 liegt. Man erkennt vielmehr, daß alle Kurven außer durch den Punkt $\eta = 0$, $\mathsf{V}_{2,3} = 1$ und den Punkt $\eta = \infty$, $\mathsf{V}_{2,3} = 0$ auch durch den Punkt $\eta = \sqrt{2}$, $\mathsf{V}_{2,3} = 1$ gehen, und daß deshalb für Frequenzverhältnisse $\eta > \sqrt{2}$ die Schichtung der Kurven sich umkehrt.

Aus dem gemeinsamen Punkt $\eta = 0$, $\mathsf{V}_{2,3} = 1$ kommen alle Kurven mit horizontaler Tangente hervor, ferner haben sie dort alle ein Minimum. Das Maximum der Kurven liegt bei
$$\eta_0 = \frac{1}{2D} \sqrt{\sqrt{1 + 8 D^2} - 1} \qquad (8.26a)$$
und hat den Betrag
$$\mathsf{V}_{2,3}(\eta_0) = \frac{\sqrt{2 - \eta_0^2}}{\sqrt{(1 - \eta_0^2) [2 + \eta_0^2 (1 - \eta_0^2)]}}. \qquad (8.26b)$$

Die Verbindungslinie der Maxima ist in Abb. 8/7 gestrichelt eingezeichnet.

Die am flachsten verlaufende Kurve ist jene, für die D über alle Grenzen geht.

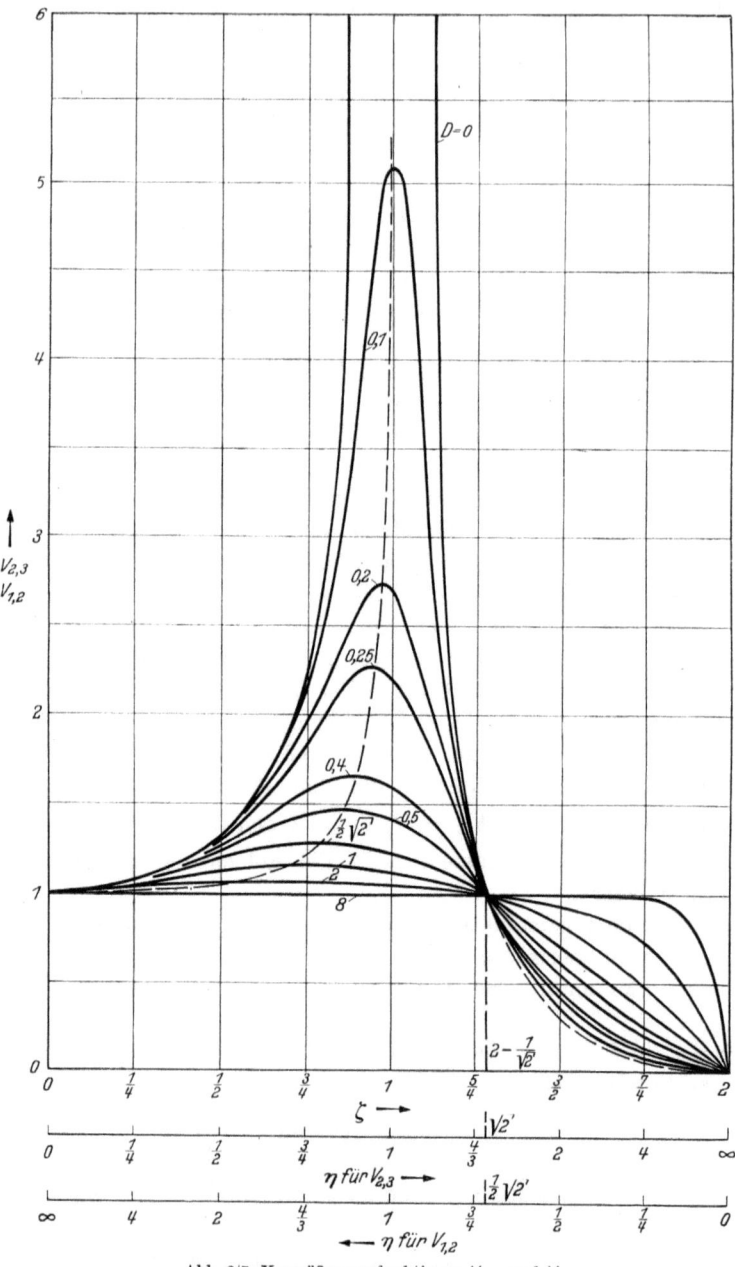

Abb. 8/7. Vergrößerungsfunktionen $V_{2,3}$ und $V_{1,2}$.

Ziff. 8. Kinetische Einflußzahlen; Vergrößerungsfunktionen. 41

Nun wenden wir uns den Phasenverschiebungswinkeln zu, die zwischen den komplexen Amplituden $\mathfrak{U}$ und $\mathfrak{Q}$ zufolge der beiden Gln. (8.23) bestehen. Den ersten, aus (8.23a) folgenden, kennen wir schon; er ist ε_3. Aus (8.23b) kommt unter Benutzung der allgemeinen Definition (8.8) und unter Heranziehung der Gln. (8.3b) und (8.3c) [weil $\mathfrak{Im}(\mathfrak{y}_2 + \mathfrak{y}_3) < 0$ ist] der Nacheilwinkel

$$\varepsilon_{2,3} = \text{arc tg}\,\frac{|\mathfrak{Im}(\mathfrak{y}_2 + \mathfrak{y}_3)|}{\mathfrak{Re}(\mathfrak{y}_2 + \mathfrak{y}_3)} = \text{arc tg}\,\frac{2D\eta^3}{1 - \eta^2 + 4D^2\eta^2}. \qquad (8.27)$$

Das Diagramm der Kurven $\varepsilon_{2,3}(\eta)$ mit D als Scharparameter zeigt Abb. 8/4b. Zu den Kurven ist nichts weiter zu bemerken, als daß sie — im Gegensatz zu den Kurven ε_3 — keinen gemeinsamen Punkt im Intervall $0 < \eta < \infty$ aufweisen, und daß der gemeinsame Punkt mit der Abszisse $\eta = \infty$ hier die Ordinate $\varepsilon_{2,3} = \pi/2$ hat, während der gemeinsame Punkt mit der Abszisse 0 (wie bei ε_3) die Ordinate 0 hat.

Von den möglicherweise noch in Betracht kommenden Vergrößerungsfunktionen und Phasenverschiebungswinkeln fehlen jetzt noch die zu $(\mathfrak{y}_1 + \mathfrak{y}_2)$ gehörigen. Wie schon erwähnt, sind sie definiert als

$$V_{1,2} = |\mathfrak{y}_1 + \mathfrak{y}_2| \qquad (8.28a)$$

und, da $\mathfrak{Im}(\mathfrak{y}_1 + \mathfrak{y}_2) > 0$ ist,

$$\gamma_{1,2} = \text{arc tg}\,\frac{|\mathfrak{Im}(\mathfrak{y}_1 + \mathfrak{y}_2)|}{\mathfrak{Re}(\mathfrak{y}_1 + \mathfrak{y}_2)}. \qquad (8.28b)$$

Daher wird

$$V_{1,2} = \frac{\sqrt{\eta^4 + 4D^2\eta^2}}{\sqrt{(1-\eta^2)^2 + 4D^2\eta^2}} \qquad (8.29a)$$

und

$$\gamma_{1,2} = \text{arc tg}\,\frac{2D\eta}{-\eta^2(1 - \eta^2 - 4D^2)}. \qquad (8.29b)$$

Bemerkenswert ist, daß analog den Beziehungen (8.17b), die zwischen V_1 und V_3 bestehen, hier gilt:

$$V_{2,3}\left(\frac{1}{\eta}\right) = V_{1,2}(\eta) \quad \text{und} \quad V_{1,2}\left(\frac{1}{\eta}\right) = V_{2,3}(\eta), \qquad (8.30a)$$

und analog den Beziehungen (8.19b) zwischen γ_1 und ε_3:

$$\varepsilon_{2,3}\left(\frac{1}{\eta}\right) = \gamma_{1,2}(\eta) \quad \text{und} \quad \gamma_{1,2}\left(\frac{1}{\eta}\right) = \varepsilon_{2,3}(\eta). \qquad (8.30b)$$

Man kann also, wieder unter Benutzung der in (8.10) definierten Größe ζ, sowohl die beiden Funktionen $V_{2,3}(\eta)$ und $V_{1,2}(\eta)$ im gleichen Diagramm unterbringen (Abb. 8/7), wie auch $\varepsilon_{2,3}(\eta)$ und $\gamma_{1,2}(\eta)$ (Abb. 8/4b).

Beispiele für das Auftreten der Funktionen $V_{1,2}$ und $\gamma_{1,2}$ sind in Tabelle 22/1 enthalten.

Nunmehr haben wir die eigentliche Schwingungsrechnung vollständig erledigt. Wir haben die Hilfsmittel bereitgestellt, mit denen wir alle Aufgaben — soweit sie Schwinger von einem Freiheitsgrad betreffen — bewältigen können. Bei allem, was kommen wird, handelt es sich nun um die physikalische Interpretation der schon genannten Beziehungen und Funktionen, denen wir in immer neuen Zusammenhängen begegnen werden.

III. Kraftmessung und Kraftmesser.

9. Kraftmesser. Arten der Kraftmessung. Die Verfahren zur Messung von Kräften lassen sich in zwei Gruppen einteilen:

1. Die Kräfte werden mit anderen (und zwar unmittelbar bekannten) Kräften ins Gleichgewicht gesetzt (Kompensationsmethoden),

2. die Kraftmessung wird auf eine Bewegungsmessung zurückgeführt, und zwar entweder dadurch, daß der in einem elastischen Körper (einer „Feder") bestehende eindeutige Zusammenhang zwischen Kräften und Verrückungen (Ausschlägen, Wegen) ausgenutzt wird (Federkraftmethode[1]) oder dadurch, daß der in einer zähen Flüssigkeit bestehende Zusammenhang zwischen Kraft und Geschwindigkeit benutzt wird (Reibungskraftmethode).

Zum ersten dieser Verfahren sind zwei Ausführungsformen zu erwähnen: a) die Hebelwaage, b) der Vergleich der zu messenden Kraft mit jener, die durch eine Flüssigkeit oder durch ein unter Druck stehendes Gas ausgeübt wird.

Mit der erwähnten Einteilung in die beiden Gruppen hängt eine andere Unterscheidung eng zusammen: Die Kraftmessung, die auf eine Bewegungsmessung zurückgeht, kann zu einer fort-

---

[1] Einen ganz ähnlichen Zusammenhang zwischen der Kraft und einem Weg (Ausschlag) erhält man, wenn man ein Pendel statt der Feder verwendet.

Ziff. 9. Kraftmesser. Arten der Kraftmessung.

laufenden (stetigen) Messung zeitlich veränderlicher Kräfte benutzt werden, während man durch die Kompensationsmethoden (wenn man nicht besondere Kunstgriffe anwendet) nur feststellt, ob der augenblickliche Wert der zu messenden Kraft einen gewissen Betrag (Schwellwert oder Grenzwert) erreicht (und überschritten) hat oder nicht. Man spricht hier deshalb auch von einer Grenzkraftmessung.

Am einfachsten macht man sich das Wesen einer solchen Grenzkraftmessung am Beispiel einer Hebelwaage klar, auf deren einer Seite eine Kraft P_0 festen Betrages (die Grenzkraft) angreift, während auf der anderen Seite eine langsam veränderliche Kraft p wirkt. Läßt man nur einen kleinen Ausschlag der Waage zu, so zeigt das Anliegen des Hebelarms am einen (oberen) Anschlag, daß die Grenzkraft nicht erreicht ist, das Anliegen am anderen (unteren) Anschlag, daß sie überschritten ist (Abb. 9/1). Die Tatsache des Anliegens am Anschlag kann registriert werden etwa dadurch, daß ein elektrischer Stromkreis geschlossen wird, der eine Lampe zum Aufleuchten bringt, oder dergl.

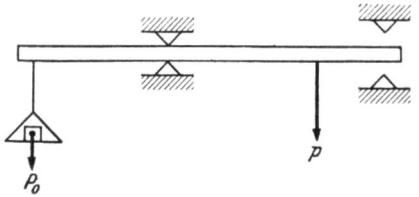

Abb. 9/1. Beispiel für Grenzkraftmessung (Hebelwaage).

Wenn auch die Einteilungen der Kraftmeßverfahren einerseits in Kompensationsverfahren und Bewegungsmeßverfahren und andererseits in Grenzkraftmessung und kontinuierliche Messung sich weitgehend entsprechen (da die Kompensationsverfahren im wesentlichen Grenzkraftmessungen bedeuten), so sind die Einteilungen doch nicht identisch. Denn erstens läßt sich eine Grenzkraftmessung auch so gestalten, daß die Gegenkraft z. B. von einer Feder (etwa einer Membran) erzeugt wird, die sich unter Wirkung der zu messenden Kraft p verformt und bei Erreichung eines der Grenzkraft entsprechenden Ausschlags auf einen (verstellbaren) Anschlag A trifft (Abb. 9/2). Solange die einwirkende Kraft kleiner ist als die (durch die Stellung des Anschlags A bestimmte) Grenzkraft, liegt die Feder nicht am Anschlag, ist sie größer, so liegt die Feder an. Zum zweiten können aber auch die

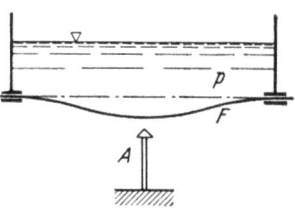

Abb. 9/2. Grenzkraftmessung gegen Federkraft.

Kompensationsverfahren zur Messung mehrerer, aufeinanderfolgender Augenblickswerte einer (langsam) veränderlichen Kraft tauglich gemacht werden. Ein häufig angewendeter Kunstgriff ist der, eine Reihe von Grenzkraftmessern zu benutzen, deren jeder auf einen anderen Betrag der Grenzkraft eingestellt ist. Durch das aufeinanderfolgende Ansprechen der einzelnen Geräte erfährt man, welcher Wert der Kraft jeweils erreicht worden ist. Die Messung erfolgt also nicht stetig, sondern stufenweise; macht man jedoch die Stufen genügend niedrig, so kann eine solche Stufenmessung eine kontinuierliche Messung ersetzen.

10. Grenzkraftmesser. α) Beispiele von Grenzkraftmessern. Über das Wesen der Grenzkraftmessung ist in Ziff. 9 schon gesprochen worden. Wir geben an dieser Stelle noch Beispiele solcher Geräte. Ein Grenzkraftmesser ist z. B. der Höchstdruckmesser der DVL. Er dient dazu, das Maximum des im Zylinder einer Kolbenmaschine auftretenden Druckes festzustellen. Man läßt den zu messenden Druck auf eine Membran einwirken; als Gegenkraft (Grenzkraft) dient dabei jedoch nicht die elastische Rückstellkraft der Membran; die Gegenkraft wird vielmehr durch ein unter (einstellbarem) Druck stehendes Gas erzeugt. Diese Methode ist auch zur stufenweisen Messung von Drucken im Zylinder, d. h. zur Indizierung verwendbar gemacht worden (DVL-Glimmlampen-Indikator)[1].

β) Grenzbeschleunigungsmesser. Wie wir später (Ziff.18) noch genauer darlegen werden, kann jeder Beschleunigungsmesser aufgefaßt werden als Kraftmesser für eine Trägheitskraft. Daraus folgt, daß das Verfahren der Grenzkraftmessung auch zur Messung von Beschleunigungen nutzbar gemacht werden kann (Grenzbeschleunigungsmesser). Beschreiben wir das Verfahren im Hinblick auf eine Beschleunigungsmessung, so gehen wir zweckmäßig vom Schema der Abb. 10/1a aus: Eine Masse a wird vermittels einer Feder c, deren Fußpunkt festliegt, mit einer Kraft $k = xc$ gegen eine Wand B gepreßt (x bedeutet also den Federvorspannweg). Bei langsamen Bewegungen der Wand macht die Masse (der Federendpunkt) die Bewegung $u(t)$ der Wand mit. Über-

---

[1] Nähere Beschreibung beider Geräte bei R. Brandt u. H. Viehmann: Autom.-techn. Z. Bd. 36 (1933) S. 309. Der Indikator ist auch kurz beschrieben bei M. Pflier: Elektrische Messung mechanischer Größen S. 134. Berlin 1940.

Ziff. 10. **Grenzkraftmesser.** 45

schreitet jedoch die (nach unten gerichtete) Beschleunigung $\ddot u(t)$ den Wert k/a, den die Feder c der Masse a zu erteilen imstande ist (oder anders ausgedrückt: überschreitet die Trägheitskraft $a\ddot u$ die Federkraft k), so hebt sich die Masse von der Wand ab[1]. (Der bis dahin zurückgelegte Weg der Masse ist stets klein gegen den Federvorspannweg x zu denken.) Das Abheben kann z. B. wieder dadurch angezeigt werden, daß ein elektrischer Stromkreis unterbrochen wird (so daß etwa eine Glimmlampe erlischt); in primitiven Anordnungen begnügt man sich auch damit, das Abheben und das Wiederanschlagen durch das damit verbundene Geräusch anzeigen zu lassen.

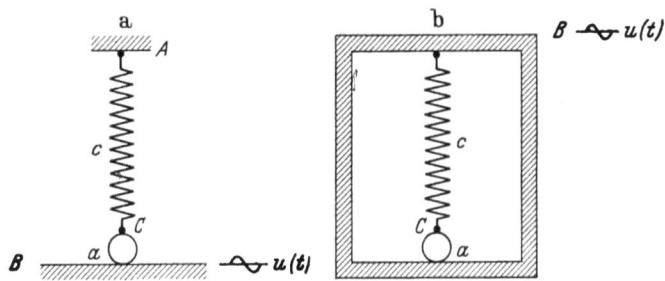

Abb. 10/1. Schemata von Grenzbeschleunigungsmessern.

Oft sieht die Anordnung aber auch so aus, wie Abb. 10/1b angibt: Der Federfußpunkt ist mit der bewegten Wand fest verbunden; das Feder-Masse-System sitzt in einem Gehäuse B, dem als Ganzes die Bewegung $u(t)$ aufgeprägt wird.

Man kann auch diese Vorrichtungen (wie jeden Grenzkraftmesser) als Bestandteile eines zwar nicht kontinuierlich, aber stufenweise arbeitenden Gerätes benutzen. Setzt man eine Reihe solcher Grenzbeschleunigungsmesser, die mit verschieden starken Federn versehen sind, nebeneinander, so zeigt eine Unterbrechung der Verbindung jeweils an, daß ein gewisser Beschleunigungswert überschritten wurde. Benutzt man zur Anzeige Lichtschriebe von Glimmlampen, so sieht ein Diagramm etwa so aus wie Abb. 10/2 zeigt. Die Verbindungslinie der End- und Anfangspunkte der Lichtmarken gibt den Verlauf der Beschleunigung an. Ein nach

---
[1] Vgl. L. Grunmach: Experimentaluntersuchungen zur Messung von Erderschütterungen. Berlin 1913.

diesen Grundsätzen arbeitendes Gerät ist neuerdings von der Fa. R. Bosch in Stuttgart entwickelt worden[1].

Schon früher haben P. Langer und W. Thomé[2] eine ähnliche Bauart zur Messung der „Stoßhaftigkeit" von Straßen und Fahrzeugen benutzt. Sie lassen durch die Stromunterbrechungen entweder ein Schreibwerk betätigen, das (über einer Zeitachse) somit „ein" oder „aus" aufschreibt, oder sie geben die Schaltimpulse unmittelbar auf ein Zählwerk, das dann die Anzahl der Fälle zählt, in denen ein eingestellter Wert der Beschleunigung überschritten wurde[3].

γ) **Weiterbildung der Grenzkraftmessung: Regelanlagen, Schwingkontaktwaage.** Die Kompensationsverfah-

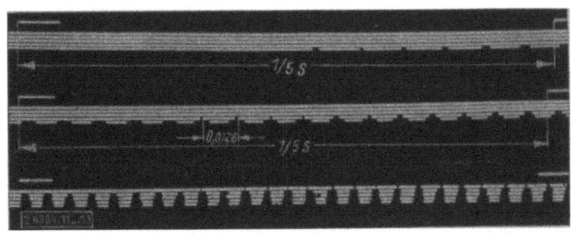

Abb. 10/2. Lichtschriebe eines Satzes von Grenzbeschleunigungsmessern [nach F. Allendorff: Z. VDI Bd. 82 (1938) S. 572].

ren lassen sich zur Messung veränderlicher Kräfte noch weiter ausbauen. Erzeugt man die Gegenkraft (Grenzkraft) etwa auf hydraulischem Weg (Öl), so kann man durch das Anliegen des Zeigers (Hebels) am einen oder anderen Anschlag veranlassen, daß der Flüssigkeitsdruck und damit die Grenzkraft wächst oder abnimmt, bis wieder Gleichgewicht erreicht ist. Die Anordnung ist dann zu einer Regelanlage geworden, die veränderliche Kräfte nun auch nahezu stetig messen kann. Man kann den Druck in der Flüssigkeitsleitung überdies zu einer Fernanzeige der Kraft benutzen (Druckdose von Bendemann[4]).

Statt die Gegenkraft (Grenzkraft) auf hydraulischem Wege

---

[1] Allendorff, F.: Z. VDI Bd. 82 (1938) S. 569.
[2] Langer, P., u. W. Thomé: Z. VDI Bd. 72 (1928) S. 1561; Bd. 78 (1934) S. 1269.
[3] Vgl. auch den Bericht von E. Lehr; Z. VDI Bd. 76 (1932) S. 1065.
[4] Bendemann, F.: Z. Flugtechn. Bd. 5 (1914) S. 3.

Ziff. 10. Grenzkraftmesser.

zu erzeugen, kann man sie etwa auch auf elektromagnetischem Wege herstellen[1]. Hier anschließend gewinnt man die Möglichkeit einer weiteren Abwandlung der Methode (Schwingkontaktwaage)[2]. Ihre grundsätzliche Wirkungsweise läßt sich an Hand der Abb. 10/3 folgendermaßen beschreiben: Die zu messende Kraft p wirkt auf den „Anker" M eines Elektromagneten. Bewegt sich der Anker bis zur Stelle K, so schließt sich ein Stromkreis, der eine starke (die zu messende Kraft p weit übertreffende) Kraft k im Elektromagneten hervorruft, unter deren Wirkung der Anker nach oben gezogen wird. Durch diese Aufwärtsbewegung wird der Stromkreis jedoch wieder unterbrochen, der Anker bewegt sich unter Wirkung der Kraft p wieder

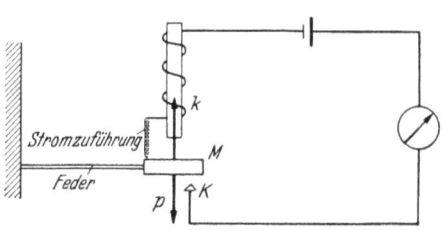

Abb. 10/3. Schema der Schwingkontaktwaage.

nach unten, schließt den Stromkreis erneut usf. Es entsteht auf diese Weise ein zerhackter Gleichstrom. Die „Pausen" sind um so länger, je kleiner die zu messende Kraft p im Verhältnis zur Magnetkraft k ist. Der Effektivwert des im Kreis fließenden Stromes ist daher ein Maß für die Kraft p. Die Frequenz, mit der das periodische Öffnen und Schließen des Stromkreises erfolgt, hängt in nicht einfach zu übersehender Weise von einer Reihe von Faktoren ab (Verhältnis der Kräfte, Masse des Ankers, Durchfederung des „Kontaktes" K, Dämpfung usw.). Sie kann durch geeignete Bemessung recht hoch gemacht werden. Damit wird das Verfahren aber auch zur Messung veränderlicher Kräfte brauchbar. Erforderlich ist (wie bei allen „Trägerfrequenzverfahren") nur, daß die Frequenz der Stromunterbrechungen bedeutend höher ist als die Frequenz des zu messenden Vorgangs. Die Wege des Ankers können zudem außerordentlich klein gehalten werden, so daß das Verfahren auch äußerst „wegarm" arbeitet.

Die genaue Einsicht in die Vorgänge erfordert eine verhältnismäßig ausführliche dynamische Untersuchung; wir sehen da-

---

[1] Vgl. etwa AEG-Druckschrift „Fernwirkanlagen" (K 4b/1015a).
[2] Nach Untersuchungen, die T. Cumme in der DVL (Institut für Bordgerät und Navigation) durchgeführt hat.

von ab, sie hier darzulegen und verweisen auf die angeführte Quelle.

11. Federkraftmesser. α) **Messung unveränderlicher Kräfte.** Nachdem wir in der vorigen Ziffer zunächst über die Kompensationsmethoden und ihre Weiterbildungen gesprochen haben, wollen wir nun jene Methoden näher betrachten, die die Messung einer Kraft auf die einer Bewegung zurückführen. Dabei werden wir uns an dieser Stelle ausschließlich auf den Fall beschränken, wo ein Zusammenhang zwischen der Kraft und einem Weg (Ausschlag) hergestellt, also ein elastisches oder ein quasielastisches Gebilde (Pendel) benutzt wird; die Pendel werden wir weiterhin nicht mehr eigens erwähnen, da die formale Darstellung für Pendel und elastische Schwinger völlig analog verläuft. Ein elastisches Gebilde nennen wir (gleichgültig, welche Gestalt es aufweist) eine Feder. Federn sind also nicht nur zylindrische Schraubenfedern oder ebene Spiralfedern — Gebilde, an die man üblicherweise zunächst denkt, wenn von einer Feder die Rede ist —, sondern auch Stäbe (Dehnstäbe, Biegestäbe, Torsionsstäbe), Membranen oder Platten.

Damit der Ausschlag einer solchen Feder der einwirkenden Kraft nicht nur eindeutig entspricht, sondern — was man insbesondere wünscht — ihr auch proportional ist, müssen zwei Voraussetzungen erfüllt sein. Es muß erstens eine Proportionalität zwischen Spannungen und Deformationen (Dehnungen, Gleitungen) bestehen, und zweitens muß der Ausschlag, d. i. der Weg eines ausgezeichneten Punktes der Feder, proportional den Deformationen sein.

Die erste Forderung betrifft die Eigenschaften des Federwerkstoffes: Er muß dem Hookeschen Gesetz gehorchen. Metalle, die wichtigsten Federbaustoffe, erfüllen die Forderung in weitem Maße. Die zweite Forderung betrifft die Gestaltung der Feder; sie läßt sich in der Regel ebenfalls leicht erfüllen, insbesondere dadurch, daß man dafür sorgt, daß nur kleine Wege (Verlängerungen oder Senkungen) eintreten.

Das einfachste Beispiel eines Kraftmessers der genannten Art ist die sogenannte Federwaage, wie sie für ruhende Kräfte benutzt wird (wo die Feder in der Regel eine zylindrische Schraubenfeder ist). Sie stellt nach dem Gesagten die Grundform auch aller kontinuierlich arbeitenden Schwingkraftmesser dar. Wir

Ziff. 11. Federkraftmesser.

haben bei dem Gerät zwei wesentliche Bestandteile zu unterscheiden: 1. die Feder, mit deren Hilfe die Umsetzung der Kraft in einen Weg (Ausschlag) erfolgt, und 2. die Meß- oder Anzeigevorrichtung für die Wege. Bei der Federwaage selbst sind beide Teile einfach, ja primitiv (Abb. 11/1).

Die Wegmessung, auf die die Kraftmessung zurückgeführt ist, wird oft nicht in einer einfachen Ablesung von Ausschlägen, die mit bloßem Auge beobachtet werden, bestehen können. Denn als Zusatzbedingung wird schon bei ruhenden Kräften oft die Forderung gestellt, daß die Kraftmessung „wegarm" sein, d. h. mit nur geringen Verschiebungen des Angriffspunktes der zu messenden Kraft verbunden sein soll (etwa deshalb, weil die Kraft sich mit der Verschiebung ihres Angriffspunktes selbst ändert). Das bedeutet, daß „starke" Federn (z. B. Rohre oder Platten) verwendet werden müssen. Bei einem Kraftmesser für veränderliche Kräfte wird aus Gründen, die wir bald

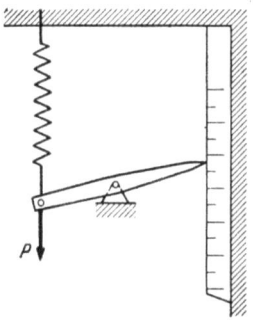

Abb. 11/1. Schema eines Kraftmessers mit elastischer Gegenkraft für unveränderliche Kräfte (Federwaage).

noch ausführlich erörtern werden, ebenfalls die Forderung gestellt, daß starke Federn verwendet werden. Solche starke Federn liefern nur geringe Ausschläge und verlangen dann empfindliche Wegmeßverfahren.

Die im Zusammenhang mit Kraftmessungen benutzten Wegmeßverfahren sind naturgemäß von einer Bedingung befreit, die bei reinen Wegmeßverfahren oft große Schwierigkeiten bereitet: Sie brauchen nicht „rückwirkungsarm" zu sein, sondern sie dürfen sogar starke Kräfte auslösen. Der Wegmesser stellt dann selbst einen Teil der Feder oder die Feder überhaupt dar. Ja, in einzelnen Fällen ist die rückwirkende Kraft so groß, daß man versucht sein mag, die Längenänderung als nicht vorhanden zu betrachten und die betreffende Methode als eine „direkte" Methode (Kompensationsmethode) zur Messung einer Kraft anzusehen (Ziff. 2, β). Wir wollen uns jedoch auf den ersten Standpunkt stellen, den Weg immer in Betracht ziehen und solche Methoden als empfindliche Methoden zur Messung kleiner Wege ansehen, die mit starken Rückwirkungen verbunden sind.

In Ziff. 2 haben wir eine Übersicht über die in Betracht kommenden Verfahren zur Messung von Wegen gegeben, und wir haben dabei auch schon der hier erwähnten Einteilung in rückwirkungsarme und rückwirkungsbehaftete Verfahren Rechnung getragen.

β) **Messung veränderlicher Kräfte.** Die oben angestellten Überlegungen, wie man Kräfte in Wege umsetzt, reichen (in Verbindung mit den in Ziff. 2 genannten Verfahren zur Messung dieser Wege) aus, wenn unveränderliche Kräfte gemessen werden sollen. Bei zeitlich veränderlichen, insbesondere bei rasch veränderlichen Kräften, müssen aber noch weitere Überlegungen hinzukommen.

Wenn die Kraftmesser masselos, d. h. trägheitsfrei, gebaut werden könnten, würden sich auch veränderliche, ja noch so rasch veränderliche Kräfte auf die gleiche Weise wie unveränderliche Kräfte messen lassen. Nun müssen die einzelnen Teile eines Gerätes aber stofflich ausgebildet sein, sie besitzen also notwendig Massen und damit Trägheit. Sobald (beschleunigte) Bewegungen auftreten, kommen also außer den zu messenden Kräften p und den Federkräften cq, mit denen man bei der Messung unveränderlicher Kräfte allein zu tun hat, auch Trägheitskräfte (der Geräteteile) ins Spiel. Auf diese Weise wird das Gerät zu einem selbst schwingungsfähigen System oder vielmehr, es muß als schwingungsfähiges System betrachtet werden. Es liegt nicht im Prinzip der Messung veränderlicher Kräfte, daß als Meßgerät ein Schwinger notwendig ist. Erst die (allerdings unvermeidlichen) „Fehler" des Gerätes (im vorliegenden Fall: seine Trägheit) machen es zu einem Schwinger.

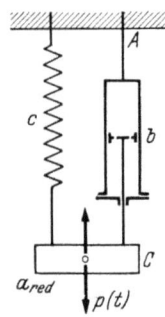

Abb. 11/2. Schema eines Kraftmessers mit elastischer Gegenkraft für veränderliche Kräfte (Federkraftmesser).

Das „Ersatzbild" eines Kraftmessers mit elastischen Gegenkräften zeigt Abb. 11/2; das Gerät ist zu einem Schwinger von einem Freiheitsgrad geworden. Die Massen, die berücksichtigt werden müssen, sind die aller bewegten Teile, also erstens die der Feder, zweitens die der Wegmeß- oder Anzeigevorrichtung. Daß die letzteren besonders wichtig sind, werden wir sogleich sehen. Die Massen sind „verteilte Massen". Strenggenommen handelt es sich also um Systeme mit unendlich vielen Freiheitsgraden. In der Regel genügt es jedoch, das Gerät als Schwinger von einem Freiheitsgrad zu behandeln; einen solchen einfachen Schwinger erhält man dadurch, daß man alle Massen an eine einzige Stelle „reduziert". (Welche Stelle dabei zweckmäßig als Reduktionsstelle gewählt wird, erörtern wir am Schluß dieser Ziffer.) Wie eine solche Reduktion der Massen vorgenommen wird, ist bekannt. Die Regel lautet: Die kinetische Energie der reduzierten Masse (Ersatzmasse) muß die gleiche sein wie die Summe der kinetischen Energien aller verteilten Massen. Dort, wo die größten Geschwindigkeiten (also auch die größten Wege) auftreten, liefern die Massen also den größten Anteil zur kinetischen Energie und damit zur Ersatzmasse. Soll diese klein gehalten werden (und wir werden sehen, daß darin die wesentliche Forderung an ein „gutes" Gerät bestehen wird), so müssen vor allem jene Massen, die die größten Wege zurücklegen, klein gehalten werden, d. s. aber insbesondere die der Anzeigevorrichtung, denn sie legen — wenn (wie üblich) eine Übersetzung „ins Große" vorhanden ist — die größten Wege zurück.

Der Ersatz eines Gebildes mit kontinuierlich verteilten Massen durch ein solches mit einer Einzelmasse (d. h. der Ersatz eines Gebildes von unendlich vielen Freiheitsgraden durch ein solches von einem Freiheitsgrad) ist zulässig, solange die Erregerfrequenzen weit genug von den Eigenfrequenzen des kontinuierlichen Gebildes entfernt liegen. Diese Eigenfrequenzen liegen aber um so höher, je steifer das Gebilde gebaut ist. Es muß deshalb darauf geachtet werden, daß alle jene Teile, deren Federung nicht in Betracht gezogen wird, auch tatsächlich eine geringe Nachgiebigkeit, also hohe Eigenfrequenzen aufweisen (Hebel in Übersetzungen, Schreibhebel usw.). Die Forderungen an die Gerätebauteile kann man also in die beiden Worte zusammenfassen: leicht und steif.

γ) **Beispiele von Meßgeräten zur Messung veränderlicher Kräfte (Indikator, Oszillograph, Telefonmembran).** Die weiterhin notwendigen Erörterungen über die Kraftmesser für veränderliche Kräfte schließen wir an drei technisch bedeutungsvolle Beispiele von Geräten an, nämlich 1. den Indikator, 2. den Oszillographen (Schleifenoszillographen), 3. die Telefonmembran.

Daß alle drei Typen zu den Kraftmessern gehören, ist klar: Ein Indikator[1] (beispielmäßige Anordnung in Abb. 11/3) hat die Aufgabe, die zeitlich rasch veränderlichen Werte des Druckes im Zylinder einer Kolbenmaschine anzuzeigen, eine Messung, die (bei bekannter Fläche) auf die Messung einer Kraft hinausläuft. Daß auch der Oszillograph und die Telefonmembran zu den Schwingkraftmessern gehören, haben wir anläßlich der Betrachtungen in Ziff. 1 schon erwähnt: Der einem Oszillographen zugeführte Strom ist proportional der elektrodynamischen Kraft, die ablenkend auf die Schleife wirkt (Abb. 11/4).

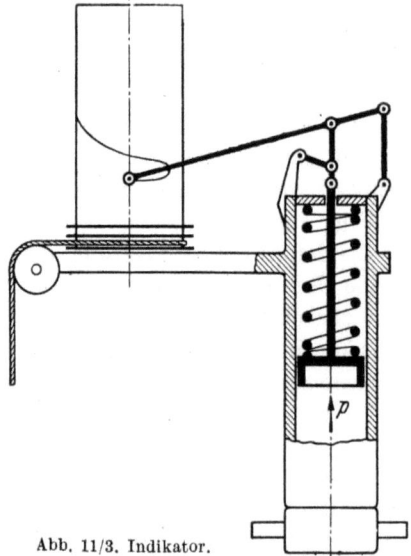

Abb. 11/3. Indikator.

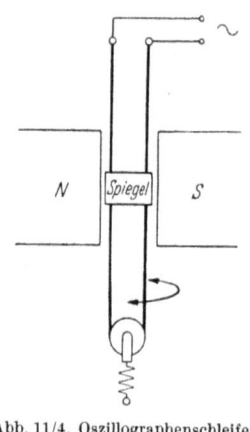

Abb. 11/4. Oszillographenschleife.

Eine Telefonmembran soll den Kraftwirkungen folgen, die auf elektromagnetischem Wege in Spulen aus dem Verlauf eines elektrischen Stromes entstehen.

Die „Anzeige" erfolgt beim Indikator durch Messung des Ausschlages auf direktem (mechanischem) oder indirektem (optischem oder elektrischem) Wege; beim Oszillographen wird die Bewegung der Schleife stets optisch registriert; die Bewegungen der Telefonmembran werden angezeigt durch die Schallwirkungen (Luftschwingungen), die von ihr ausgehen und für die dann das Ohr als „Anzeigegerät" dient.

---

[1] Eine ausführliche zusammenfassende Darstellung über die Indikatoren gibt die Schrift De Juhasz-Geiger: Der Indikator. Berlin: Springer 1938.

Ziff. 11. Federkraftmesser.

Während beim Oszillographen der Ausschlag q auf einem mit gleichförmiger Geschwindigkeit ablaufenden (lichtempfindlichen) Papierstreifen oder dergl. aufgezeichnet wird, so daß tatsächlich eine Kurve $q(t)$ hergestellt wird, ist die Anordnung beim Indikator so getroffen, daß der Ausschlag q über dem (keineswegs mit gleichförmiger Geschwindigkeit zurückgelegten) Weg s des Kolbens aufgeschrieben wird, so daß eine Kurve $q(s)$ zustande kommt. Diesen Umstand werden wir später (Ziff. 14) noch als bedeutungsvoll erkennen.

δ) **Die Stelle der reduzierten Masse; die Übersetzung.** Nachdem wir gesehen haben, wie die Kraftmesser als Schwinger von einem Freiheitsgrad betrachtet werden, müssen wir schließlich noch eine letzte Frage beantworten, die sich in diesem Zusammenhang stellt, und auf die wir oben schon hingewiesen haben. Bei einem System von einem Freiheitsgrad sind die Bewegungen aller Punkte in eindeutiger Weise miteinander verknüpft. Es ist deshalb grundsätzlich gleichgültig, welcher Punkt des Systems zur Beschreibung der Bewegung $q(t)$ gewählt wird und auch, an welche Stelle die vorhandenen Massen „reduziert" werden. Oft zeichnet sich eine Stelle von allein aus, etwa dadurch, daß an ihr schon ein größerer Teil der Masse sitzt (z. B. der Kolben beim Indikator, der Spiegel beim Schleifenoszillographen). Damit ist aber keineswegs gesagt, daß die Bewegung der so ausgezeichneten Stelle auch die „aufgezeichnete" Bewegung darstellt. In beiden genannten Beispielen ist vielmehr noch eine Übersetzung vorhanden: Die Bewegung des Schreibstifts des Indikators ist durch eine Hebelübersetzung mit der des Kolbens verbunden, der Weg der Lichtmarke des Oszillographen durch eine „Lichtstrahlübersetzung" mit dem des Spiegels. Es ist natürlich möglich, und oft wird auch so verfahren, daß man den Punkt, dessen Bewegung aufgezeichnet wird (Schreibstift beim Indikator, Lichtmarke beim Oszillographen), auch als diejenige Stelle wählt, an die die Massen reduziert werden. Dann ist von einer Übersetzung nicht mehr die Rede.

Wir werden in Zukunft unter dem kennzeichnenden Ausschlag $q(t)$ stets den Ausschlag der reduzierten Masse verstehen. Die Aufzeichnung werden wir $z(t)$ nennen. Zwischen beiden besteht die Beziehung

$$z(t) = \xi_0 q(t). \tag{11.1}$$

Der Faktor ξ_0 heißt die Übersetzung, auch statische Vergrößerung oder „Indikatorvergrößerung" (wenn $\xi_0 > 1$ ist, wird „ins Große" übersetzt).

Zur Aufzeichnung z des gefühlten Weges q können außer mechanischen Vergrößerungen auch andere Verfahren der Wegmessung, z. B. das Kohledruckverfahren [Ziff. 2, β) 1] und der piezoelektrische Effekt [Ziff. 2, β) 2] verwendet werden. Es bedeutet dann z die Aufzeichnung im Oszillographen, während q die Zusammendrückung der Kohlesäulen bzw. des Quarzes bezeichnet. Auch in solchen Fällen soll der Proportionalitätsfaktor ξ_0 in (11.1) „Übersetzung" oder „Indikatorvergrößerung" heißen.

Der Begriff der Übersetzung wird späterhin noch eine erweiterte Bedeutung erhalten. Wenn ein Gerät nicht einen Weg q, sondern eine Geschwindigkeit $\dot q$ fühlt und ein dieser Geschwindigkeit proportionaler Ausschlag $z(t)$ aufgezeichnet wird, so werden wir den Zusammenhang zwischen $\dot q$ und z so darstellen, daß wir [analog Gl. (11.1)] setzen

$$z(t) = \xi_1 \dot q(t). \tag{11.2}$$

Der Faktor ξ_1 hat (wenn q und z Längen bedeuten) die Dimension T. Er stellt eine verallgemeinerte Übersetzung dar und heißt auch Abbildungsmaßstab oder Übertragungsmaßstab.

IV. Kraftmessung und Bewegungsmessung bei periodischer Einwirkung.

A. Federkraftmesser.

12. Die Empfindlichkeit eines Gerätes, die „Treue" der Anzeige, die Verzerrungen. Wir führen, nachdem wir an drei Beispielen gesehen haben, wie die kraftmessenden Geräte aufgebaut sein können, die weiteren Untersuchungen zunächst wieder an Hand des einfachen Schemas der Abb. 11/2 durch, das wir das „Ersatzbild" eines Federkraftmessers genannt haben. Es zeigt einen elastischen Schwinger von einem Freiheitsgrad, bei dem sich das eine Federende gegen einen festen Punkt A stützt, während am anderen Ende C die („reduzierte") Masse a sitzt; dort greift auch die zu messende Kraft p an. Wir beschränken unsere Betrachtungen zunächst auf die Einwirkung periodischer Kräfte; die nicht-periodischen werden in Abschnitt V behandelt.

Ziff. 12. Die Empfindlichkeit eines Gerätes.

Die hier vorliegende mechanische Aufgabe haben wir in Abschnitt II schon erörtert. Die Bewegungsgleichung lautet [Gl. (7. 1)]:

$$a\ddot{q} + b\dot{q} + cq = p(t); \tag{12.1}$$

$p(t)$ ist die einwirkende Kraft, $q(t)$ der Ausschlag der Masse a, durch den auf den Verlauf von $p(t)$ geschlossen werden soll. Aus dem früher Gesagten wissen wir, daß wir erstens $p(t)$ in seine harmonischen Bestandteile zerlegen und diese einzeln untersuchen dürfen, und daß zweitens für die komplexen Amplituden der einzelnen Harmonischen der erzwungenen Schwingung gilt [Gl. (8. 5)]

$$\mathfrak{Q} = \frac{1}{c}\mathfrak{P}\mathfrak{y}_3, \tag{12.2}$$

eine Aussage, die gleichbedeutend ist mit den beiden anderen,

$$Q = \frac{1}{c}P\,\mathsf{V}_3 = \frac{1}{c}P\frac{1}{\sqrt{(1-\eta^2)^2 + 4D^2\eta^2}} \tag{12.2a}$$

und

$$\varepsilon_3 = \operatorname{arc\,tg}\frac{2D\eta}{1-\eta^2}. \tag{12.2b}$$

Die zugehörigen Diagramme zeigen die Abb. 8/3 und 8/4a. Mit der Diskussion der Aussagen (12.2) und damit der Diagramme in den Abb. 8/3 und 8/4a haben wir uns nun zu befassen.

Aus den Gln. (12.2) geht hervor, daß eine Kraft von der Amplitude P eine um so größere Ausschlagamplitude Q hervorruft, je größer der Quotient V_3/c oder das Produkt $h\mathsf{V}_3$ ist. Der Ausschlag Q wird schließlich noch in die Anzeige Z übergeführt, wobei

$$Z = \xi_0 Q$$

ist. Als „Empfindlichkeit" eines Kraftmessers wollen wir den Quotienten $\dfrac{Z}{P}$ bezeichnen; er wird zu

$$\frac{Z}{P} = \frac{Z}{Q}\frac{Q}{P} = \xi_0 h \mathsf{V}_3. \tag{12.3}$$

Die ersten beiden Faktoren, ξ_0 und h, sind für ein gegebenes Gerät Konstanten; der letzte Faktor, V_3, hängt ab vom Frequenzverhältnis η (Abb. 8/3), also sowohl von der Frequenz der Einwirkung wie von der Eigenfrequenz des Gerätes.

Es liegt somit nahe, das Gerät, um es empfindlich zu machen, auf die Erregung „abzustimmen", d. h. die Eigenfrequenz ω des Gerätes gleich der Frequenz Ω der Erregung zu wählen. Geräte, die nach diesem Gesichtspunkt arbeiten, sind von zweierlei Art. Zunächst gehören zu ihnen die sog. Zungenfrequenzmesser. Das sind einseitig eingespannte Stäbe (in der Regel verwendet man eine Reihe nebeneinanderliegender Stäbe), die jeweils eine feste Eigenfrequenz ihrer Biegeschwingungen aufweisen (an Dämpfung ist nur die Werkstoffdämpfung und die schwache Dämpfung der Luft vorhanden). Werden sie „erregt", so machen sie um so größere Ausschläge, je besser die Erregerfrequenz mit der Eigenfrequenz übereinstimmt. Die Eigenfrequenz jenes Stabes, der die größten Ausschläge zeigt, liegt der Erregerfrequenz am nächsten; Beispiel: Frahmscher Zungenfrequenzmesser[1].

Anstatt mehrere, auf verschiedene Frequenzen abgestimmte Stäbe zu verwenden, kann man auch mit einem einzigen Stab auskommen, bei dem die Einspannlänge und damit die Abstimmung verändert werden kann; Beispiel: Askania-Zungenfrequenzmesser[2].

In den zuvor beschriebenen Fällen dient der Ausschlag nur als Mittel zur Bestimmung der Erregerfrequenz. Die Größe des Ausschlags kann aber auch quantitativ als Maß für die Stärke der Einwirkung dienen. Eine Ausführung eines Kraftmessers, der nach diesem Prinzip arbeitet, ist nicht bekannt (obgleich seinem Bau nichts im Wege stünde), wohl aber ein Bewegungsmesser. Wir behandeln ihn an der zugehörigen Stelle (vgl. Ziff. 17, ε).

Auf dem beschriebenen Wege erhält man eine vollständige Kenntnis der Einwirkung nur dann, wenn diese aus nur einer einzigen Harmonischen besteht. Enthält die Einwirkung eine Reihe von Harmonischen, so liefert das beschriebene Vorgehen kein Gesamtbild der Einwirkung, sondern nur die Kenntnis der einzelnen harmonischen Teilschwingungen, und zwar für sich nach Frequenz und Amplitude, aber nicht nach ihrer Phasenlage. Wünscht man jedoch die Kenntnis des Gesamtbildes der Einwirkung, so rückt statt der Frage nach der größten Empfindlichkeit ein anderer Gesichtspunkt in den Vordergrund, nämlich die Forde-

---
[1] Vgl. F. Lux: ETZ 1905 S. 264.
[2] Vgl. Askania-Druckschrift: Schwing 102 S. 35.

rung, daß die Anzeige des Meßgerätes den Verlauf der Einwirkung „getreu" oder „unverzerrt" wiedergeben soll. Diese Forderung schließt zwei Teilforderungen in sich:
1. die Forderung nach Freiheit von „Amplitudenverzerrung",
2. die Forderung nach Freiheit von „Phasenverzerrung".
Was besagen diese beiden Begriffe?
Zunächst ist ohne weiteres klar, daß die Anzeige $q(t)$ des Meßgerätes eine periodisch veränderliche Kraft $p(t)$, die aus meh-

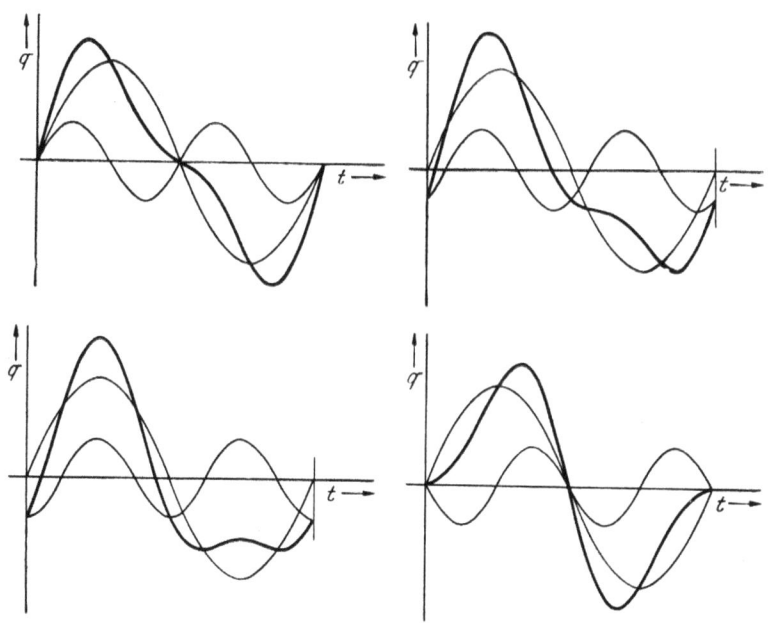

Abb. 12/1. Zustandekommen einer Phasenverzerrung.

reren Harmonischen besteht, nur dann unverzerrt wiedergeben kann, wenn die Amplituden der einzelnen Harmonischen der Anzeige gegenüber denen der Einwirkung sämtlich in gleichem Maße vergrößert (bzw. verkleinert) sind. Was andererseits geschieht, wenn zwei harmonische Bestandteile einer Schwingung zwar ihre Amplituden beibehalten, aber in der „Phase" verschoben werden, zeigt Abb. 12/1, wo vier Fälle von Zusammensetzung zweier Schwingungen angegeben sind, die sich nur dadurch unterscheiden, daß die zweite Schwingung auf der Zeitachse jeweils gegen die erste verschoben ist. Durch eine solche Verschiebung kommt ebenfalls eine Verzerrung der Schwingung zustande. Wir nennen sie eine Verzerrung durch Phasenverschiebung oder kurz eine „Phasenverzerrung".

Die „Treue" einer Anzeige oder Aufzeichnung soll nach dem Grad der Verzerrungsfreiheit bemessen werden. Ein Maß zur quantitativen Bestimmung der Verzerrung oder Verzerrungsfreiheit ist bei der Amplitudenverzerrung einfach in der Vergrößerungsfunktion V_3 gegeben. Die Zahl 100 (V_3-1) (vgl. Ziff. 13) gibt unmittelbar an, um wie viele Prozente die Amplitude einer bestimmten Harmonischen überhöht angezeigt wird.

In der elektrischen Nachrichtentechnik, wo es sich meist darum handelt, die durch nicht-lineare Einflüsse zustande gekommenen Oberschwingungen einer harmonischen Grundschwingung zu kennzeichnen, benutzt man als Maß der Verzerrung (d. h. in diesem Falle: des Gehaltes an Oberschwingungen), den sog. Klirrfaktor

$$k = \frac{\sqrt{A_2^2 + A_3^2 + A_4^2 + \cdots}}{A_1},$$

also die Wurzel aus der Quadratsumme der Amplituden der Oberschwingungen im Verhältnis zur Amplitude der Grundschwingung. Da unsere Fragestellung anders lautet, ist dieses Maß für unsere Aufgaben nur von untergeordneter Bedeutung.

Hinsichtlich der Phasenverzerrung fehlt jedoch ein entsprechendes Maß zur quantitativen Bestimmung der Verzerrung. Man ist einfach darauf angewiesen, die Phasenverschiebungswinkel oder die (relativen) Phasenverschiebungszeiten anzugeben, ohne daß diese jedoch ein unmittelbares Maß für den Grad der Verzerrung böten.

13. Die Amplitudenverzerrung. Wir beginnen mit der Erörterung[1] der ersten der oben aufgestellten Forderungen. Sie besagt, daß der Faktor V_3 in Gl. (12. 2a) für alle Frequenzverhältnisse $\eta_k = \frac{\Omega_k}{\omega}$, die sich aus den Erregerfrequenzen Ω_k der noch als wesentlich in Betracht kommenden Ordnungen k bilden lassen, denselben Wert haben muß. Wie groß dieser Wert ist, bleibt zunächst (d. h. im Hinblick auf die Verzerrungsfreiheit) gleichgültig; wichtig ist nur, daß er für alle in Betracht kommenden

[1] Vgl. auch H. Zöllich: Wiss. Veröff. Siemens-Konz. Bd. 1 (1920 bis 1922) S. 24.

Ziff. 13. Die Amplitudenverzerrung.

Verhältnisse η_k derselbe ist. Sein Betrag bestimmt in Verbindung mit der Einflußzahl h und der Übersetzung ξ_0 [vgl. Gl. (12.3)] die Empfindlichkeit; der Wert Null muß also auf jeden Fall ausscheiden, da sonst überhaupt keine Anzeige zustande käme. Ein Blick auf das Diagramm der Abb. 8/3 lehrt, wo solche Gebiete η vorhanden sind, in denen V_3 nahezu konstant (und nicht gleich Null) ist: für kleine Werte η. Denn da alle Kurven der Schar bei $\eta = 0$ ein Extremum besitzen, verlaufen alle Kurven für kleine Werte η flach, so daß V_3 für „genügend" kleine Werte η den festen Wert 1 besitzt.

Kleine Werte des Frequenzverhältnisses η_k erzielt man für verschiedene Erregerfrequenzen Ω_k dadurch, daß man die Eigenfrequenz ω des Gerätes hoch legt, daß man das Gerät, wie man sich ausdrückt „hoch abstimmt". Je höher die Eigenfrequenz ω ist, um so kleiner werden alle Frequenzverhältnisse η_k, und um so weniger unterscheiden sich die Werte $V_3(\eta_k)$; um so geringer ist also die Verzerrung. Diese Treue der Anzeige muß man jedoch mit einem Nachteil erkaufen: Die Geräte sollen hoch abgestimmt sein. Da jedoch die reduzierte Masse a nicht beliebig klein gemacht werden kann, so muß dafür die Federzahl c groß gemacht werden. Damit wird aber die Empfindlichkeit des Gerätes [vgl. Gl. (12.3)] klein. Kraftmesser erfordern daher entweder eine große Übersetzung ξ_0, d. h. ein empfindliches Verfahren zur Messung des gefühlten Weges q (vgl. Ziff. 2), oder man muß zwischen der Treue der Anzeige und der Empfindlichkeit einen Ausgleich suchen dadurch, daß man ω nicht beliebig groß, η_k also nicht beliebig klein macht, sondern sich mit „genügend" großen Eigenfrequenzen ω, also genügend kleinen Frequenzverhältnissen η_k zufrieden gibt. Was sind nun „genügend" kleine Werte des Frequenzverhältnisses η_k? Die Entscheidung darüber hängt von drei Dingen ab: erstens von den Ansprüchen, die man an die Treue der Anzeige, also an den Grad der Verzerrungsfreiheit stellt, zweitens von der Ordnung n der höchsten noch wesentlichen, d. h. unverzerrt anzuzeigenden Harmonischen, und drittens von dem Wert des Dämpfungsmaßes D, das der Schwinger aufweist.

Wir nehmen den dritten Punkt vorweg. Es ist klar, daß der der höchsten in Betracht kommenden Erregerordnung n zugehörige Wert $\eta_n = \Omega_n/\omega$ bei gleichen Ansprüchen an den Grad der Verzerrungsfreiheit um so höher sein darf (die Eigenfrequenz des

Gerätes also um so niedriger), je flacher die Kurve der Vergrößerungsfunktion V_3 verläuft. Zu welchem Dämpfungsmaß D gehört nun die in diesem Sinne beste, d. h. die flachste Kurve? Die gestellte Frage läßt mehrere Antworten zu, je nachdem, was man unter „flachstem" Verlauf verstehen will. (Ein Blick auf die Abb. 8/3 lehrt schon, daß es nicht die zu $D = 0$ gehörige Kurve ist, die den flachsten Verlauf zeigt.) Versteht man unter der flachsten Kurve jene, die an der Stelle $\eta = 0$ (wo alle Kurven horizontale Tangenten haben) die geringste Krümmung hat, so kommt man (vgl. Ziff. 8, γ) auf den Wert $D = \frac{1}{2}\sqrt{2} = 0{,}707$ als den Wert für die günstigste Dämpfung, denn die zugehörige Kurve hat bei $\eta = 0$ außer einer verschwindenden ersten auch eine verschwindende zweite Ableitung.

Für Werte η_k, die alle sehr klein sind, ist diese Überlegung in jeder Hinsicht richtig. Man strebt (aus den oben genannten Gründen) jedoch danach, das Intervall für die „erlaubten" Werte η_k nicht gar zu klein zu halten. Damit man von Null verschiedene Werte für die erlaubte Intervallänge bekommt, darf man nicht fordern, daß $V_3 = \text{const} = 1$ sei, sondern muß einen bestimmten „Fehler" F zulassen, fordert also nur, daß

$$|V_3(\eta) - 1| \leqq F \qquad (13.1)$$

bleibt. Damit ergeben sich aber neue Gesichtspunkte für die Ermittlung der günstigsten Dämpfung.

Wie Abb. 13/1 zeigt, schneiden nur jene Vergrößerungskurven V_3, die zu kleinen Werten des Dämpfungsmaßes D gehören, die im Abstand $+F$ über dem Wert $V_3 = 1$ gezogene Horizontale, und zwar in zwei Punkten; die Abszisse des einen Schnittpunktes heiße η_a, die des anderen η_b. Dagegen schneiden alle Kurven die in der Höhe $1 - F$ gezogene untere Schranke für das Fehlerintervall, jedoch nur in einem Punkt; die Abszisse dieses Schnittpunktes heiße η_c.

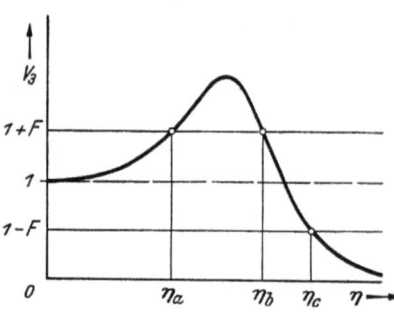

Abb. 13/1. Schnittpunkte der Vergrößerungskurven mit den Fehlergrenzen.

Wie die Abb. 8/3 zeigt, fällt die für $D = \frac{1}{2}\sqrt{2}$ geltende Kurve

Ziff. 13. Die Amplitudenverzerrung. 61

$V_3(\eta)$ monoton. Sie erreicht die obere Fehlerschranke überhaupt nicht, die untere bei einer Abszisse η_c (Abb. 13/2), die sich aus

$$V_3(\eta, D) = 1 - F \quad (13.1a)$$

für kleine Werte F zu

$$\eta_c(D = \tfrac{1}{2}\sqrt{2}) \approx \sqrt[4]{2F} \quad (13.2).$$

errechnet (vgl. die Herleitung am Schluß dieser Ziffer).

Nun sieht man jedoch leicht ein, daß es Kurven gibt (sie gehören zu kleineren Werten des Dämpfungsmaßes D), die anfangs ansteigen und dann erst fallen, so daß sie die untere Schranke erst später, also für größere Werte η_c erreichen. Man muß nur fordern, daß die Kurven nicht so weit ansteigen, daß sie die Schranke, die im Abstand F über der Horizontalen $V_3 = 1$ gezogen ist, überschreiten. Offensichtlich erreicht unter den so ausgewählten Kurven jene die untere Schranke am spätesten, die die obere Schranke berührt (Abb. 13/2). Wir bezeichnen jenen Wert des Dämpfungsmaßes D, der zu

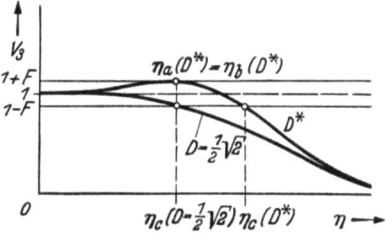

Abb. 13/2. Günstigste Dämpfung D*.

dieser die obere Schranke berührenden Kurve gehört, mit D*. Er errechnet sich aus der Forderung, daß die Gleichung

$$V_3(\eta, D) = 1 + F \quad (13.1b)$$

eine Doppelwurzel $\eta_a = \eta_b$ habe, zu

$$D^* \approx \tfrac{1}{2}\sqrt{2}\,(1 - \tfrac{1}{2}\sqrt{2F}) \quad (13.3)$$

(Herleitung siehe am Schluß dieser Ziffer). Der zugehörige Wert $\eta_a(D^*) = \eta_b(D^*)$ der Abszisse des Berührungspunktes ist

$$\eta_a(D^*) = \eta_b(D^*) \approx \sqrt[4]{2F}, \quad (13.4)$$

also eben so groß wie die Abszisse η_c des Schnittpunktes der Kurve $D = \tfrac{1}{2}\sqrt{2}$ mit der Geraden $V_3 = 1 - F$ (Abb. 13/2).

Der gesuchte, größte erlaubte Wert $\eta = \eta^*$ ist nun jener, der sich als Abszisse des Schnittpunktes der Kurve $D = D^*$ mit der Geraden $V_3 = 1 - F$ ergibt. Er lautet

$$\eta^* = \eta_c(D^*) \approx \sqrt[4]{2F}\sqrt{1 + \sqrt{2}} = 1{,}554\,\eta_c(D = \tfrac{1}{2}\sqrt{2}). \quad (13.5)$$

Man sieht also, daß die Abszisse η_c des Schnittpunktes der Kurve D* in einem festen Verhältnis zur Abszisse η_c des Schnittpunktes der Kurve $D = \frac{1}{2}\sqrt{2}$ steht. Durch den neuen Gedankengang der Berücksichtigung eines Fehlerintervalls $\pm F$ um den Wert 1 herum können wir also das erlaubte Gebiet der Frequenzverhältnisse η um 55% weiter nach rechts ausdehnen. Veranschaulicht wird dieser Gedankengang weiterhin durch Abb. 13/3. Dort sind über dem Dämpfungsmaß D für einen „Fehler" $F = 0,1$ aufgetragen: 1. die beiden Wurzeln η_a und η_b der Gl. (13.1b), 2. die Wurzel η_c der Gl. (13.1a).

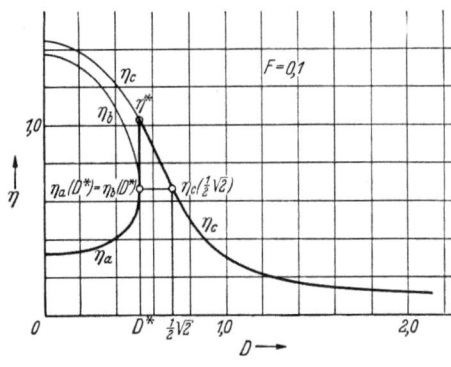

Abb. 13/3. Abszissen η der Schnittpunkte der Vergrößerungsfunktion V_e mit den Grenzgeraden $1+F$ und $1-F$ in Abhängigkeit vom Dämpfungsmaß D.

Jene Stelle, an der die Wurzeln η_a und η_b zusammenfallen, gibt die „günstigste Dämpfung" $D = D^*$ an. Der zugehörige Wert

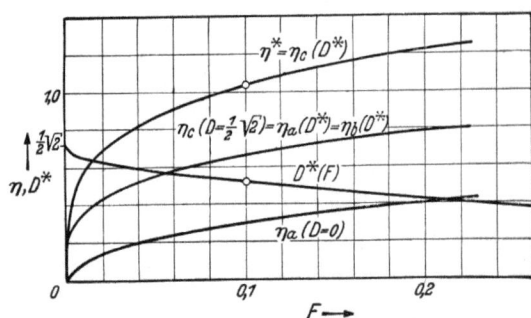

Abb. 13/4. Günstigste Dämpfung und Grenzen des erlaubten Bereichs für η.

$\eta_c(D^*)$ ist der gesuchte größte Wert η^*, den ein Frequenzverhältnis η_k annehmen darf, damit die Forderung (13.1) im ganzen Intervall $0 < \eta < \eta^*$ erfüllt bleibt.

In Abb. 13/4 sind noch über der zugelassenen Schwankung F der Vergrößerungsfunktion die Werte des „günstigsten Dämp-

Ziff. 13.   Die Amplitudenverzerrung.   63

fungsmaßes" D* und außerdem die unter anderen Bedingungen für D sich ergebenden oberen Schranken des erlaubten Frequenzverhältnisses η aufgetragen, nämlich $\eta_a(\mathsf{D}=0)$, die für ungedämpfte Geräte gelten würde, ferner $\eta_c(\mathsf{D}=\tfrac{1}{2}\sqrt{2})$ und schließlich $\eta^* = \eta_c(\mathsf{D}^*)$, die auf Grund des oben durchgeführten Gedankengangs zustande kommt.

Den zu einer solchen oberen Schranke η_F gehörenden Mindestwert für die Eigenfrequenz des Meßgerätes erhält man dann aus der Beziehung

$$\omega_{\min} = \frac{\Omega_n}{\eta_F}, \tag{13.6}$$

wenn Ω_n die höchste der zu berücksichtigenden Erregerfrequenzen bezeichnet.

In Gl. (13.6) haben wir über die allgemeinen, qualitativen Überlegungen (daß die Forderung nach Verzerrungsfreiheit um so besser erfüllt ist, je größer die Eigenfrequenz ω ist) hinaus ein quantitatives Maß für den Mindestwert dieser Eigenfrequenz.

In den Gln. (13.1) bis (13.6) haben wir eine Reihe von Angaben gemacht, deren Herkunft wir nun zeigen wollen.

Den Ausdruck (8.6b) für die Vergrößerungsfunktion V_3 kann man auf die Form

$$V_3 = \frac{1}{\sqrt{1 - 2\eta^2(1 - 2\mathsf{D}^2 - \tfrac{1}{2}\eta^2)}} = \frac{1}{\sqrt{1 - 2g(\eta)}} \tag{13.7}$$

bringen, wenn als Abkürzung

$$g(\eta) = \eta^2(1 - 2\mathsf{D}^2 - \tfrac{1}{2}\eta^2) \tag{13.7a}$$

benutzt wird. Die Abszissenwerte η_a und η_b folgen aus der Gleichung (13.1b), der Wert η_c aus der Gleichung (13.1a). Aus diesen beiden Gleichungen folgt unter Berücksichtigung von (13.7) und (13.7a)

$$g(\eta) = \pm F \frac{1 \pm \tfrac{1}{2}F}{(1 \pm F)^2}. \tag{13.8}$$

Bezeichnen wir den rechts stehenden Ausdruck, wenn das obere Zeichen gilt, mit F_I, wenn das untere gilt, mit F_{II}, so wird aus (13.8)

$$g(\eta) = F_{I,II}. \tag{13.8'}$$

Die Wurzeln η_a und η_b der Gl. (13.1b) folgen also aus

$$\eta^4 - 2\eta^2(1 - 2\mathsf{D}^2) = -2F_I, \tag{13.9a}$$

die Wurzel η_c der Gl. (13.1a) aus

$$\eta^4 - 2\eta^2(1 - 2\mathsf{D}^2) = -2F_{II}. \tag{13.9b}$$

Der Parameterwert D* ist nun jener, für welchen die Wurzeln η_a und η_b zusammenfallen. Das Zusammenfallen tritt ein, wenn

$$(1-2D^2)^2 = 2F_I$$

wird, d. h. bei dem Parameter

$$D^* = \tfrac{1}{2}\sqrt{2}\ \sqrt{1-\sqrt{2F_I}} = \tfrac{1}{2}\sqrt{2}\ \sqrt{1-\sqrt{2F}\,\frac{\sqrt{1+\tfrac{1}{2}F}}{1+F}}\,. \qquad (13.10\,\text{a})$$

Bei diesem Dämpfungsmaß ist

$$\eta_a(D^*) = \eta_b(D^*) = \sqrt[4]{2F_I} = \sqrt[4]{2F}\,\frac{\sqrt[4]{1+\tfrac{1}{2}F}}{\sqrt{1+F}}\,. \qquad (13.10\,\text{b})$$

Die Wurzel η_c der Gl. (13.9b) kommt allgemein aus

$$\eta_c^2 = 1 - 2D^2 + \sqrt{(1-2D^2)^2 - 2F_{II}}\,. \qquad (13.11)$$

Wenn D = D* wird, kommt

$$\eta_c(D^*) = \sqrt{\sqrt{2F_I}+\sqrt{2(F_I-F_{II})}} = \sqrt[4]{2F}\,\sqrt{\frac{\sqrt{1+\tfrac{1}{2}F}}{1+F}+\frac{\sqrt{2}}{1-F^2}}\,. \qquad (13.11\,\text{a})$$

Wenn $D = \tfrac{1}{2}\sqrt{2}$ ist, lautet die Abszisse

$$\eta_c(\tfrac{1}{2}\sqrt{2}) = \sqrt[4]{-2F_{II}} = \sqrt[4]{2F}\,\frac{\sqrt[4]{1-\tfrac{1}{2}F}}{\sqrt{1-F}}\,. \qquad (13.11\,\text{b})$$

Die angegebenen Formeln werden erst bei $F = 1$ ungültig. Da F jedoch stets eine kleine Größe sein soll, kann man F^2 gegen 1 vernachlässigen und erhält so

$$D^* = \tfrac{1}{2}\sqrt{2}\ \sqrt{1-\sqrt{2F}\,(1-\tfrac{3}{4}F)}\,, \qquad (13.10\,\text{a}')$$

$$\eta_a(D^*) = \eta_b(D^*) = \sqrt[4]{2F}\,(1-\tfrac{3}{8}F)\,, \qquad (13.10\,\text{b}')$$

$$\eta_c(D^*) = \sqrt[4]{2F}\,\sqrt{1+\sqrt{2}-\tfrac{1}{4}F}\,, \qquad (13.11\,\text{a}')$$

$$\eta_c(\tfrac{1}{2}\sqrt{2}) = \sqrt[4]{2F}\,(1+\tfrac{3}{8}F)\,. \qquad (13.11\,\text{b}')$$

Geht man in der Vereinfachung noch weiter und vernachlässigt auch schon F gegen 1, so kommen die oben benutzten Formeln zustande; sie lauten zusammengestellt:

$$D^* = \tfrac{1}{2}\sqrt{2}\,(1-\tfrac{1}{2}\sqrt{2F})\,, \qquad (13.10\,\text{a}'')$$

$$\eta_a(D^*) = \eta_b(D^*) = \sqrt[4]{2F}\,, \qquad (13.10\,\text{b}'')$$

$$\eta_c(D^*) = \sqrt[4]{2F}\,\sqrt{1+\sqrt{2}}\,, \qquad (13.11\,\text{a}'')$$

$$\eta_c(\tfrac{1}{2}\sqrt{2}) = \sqrt[4]{2F}\,. \qquad (13.11\,\text{b}'')$$

Die Erörterungen über die Amplitudenverzerrung bei kraftmessenden Geräten sind in dieser Ziffer verhältnismäßig ausführlich gehalten. Dabei sei schon hier erwähnt, daß die Ergebnisse jedoch nicht auf die Kraftmesser beschränkt sind, daß sie vielmehr für eine ganze Reihe von anderen Gerätearten übernommen werden können. Da sie im Grunde eine Erörterung der Eigenschaften der Funktion $V_3(\eta, D)$ darstellen, können sie ganz unverändert übernommen werden auf solche Geräte, deren Verhalten ebenfalls durch diese Funktion beschrieben wird (Beschleunigungsmesser und Ruckmesser ohne Festpunkt, Ziff. 18 und 19; Wegmesser mit Festpunkt, Ziff. 21); ferner können sie mit nur geringen Abänderungen übertragen werden auf alle Geräte, deren Verhalten durch die im selben Diagramm erscheinende Funktion V_1 wiedergegeben wird (Wegmesser und Geschwindigkeitsmesser ohne Festpunkt in Ziff. 17 und 19). Die Untersuchungen dieser Ziffer haben also eine Bedeutung, die weit über den Rahmen der hier gestellten Aufgabe hinausgeht.

14. Die Phasenverzerrung. Wir kommen nun zur zweiten der gestellten Forderungen, der nach Freiheit von „Phasenverzerrung". Wir erörtern sie zunächst im Hinblick auf eine über der Zeitachse vorgenommene Aufzeichnung $q(t)$, wie sie z. B. vom Oszillographen geliefert wird. Die genannte Forderung besagt, daß die relative Lage aller Harmonischen der Kraft $p(t)$ und des Ausschlags $q(t)$ auf der Zeitachse dieselbe sein muß. Daß alle Harmonischen auf der Zeitachse um ein und dasselbe Stück verschoben sind, ist erlaubt, denn das bedeutet keine Verzerrung der Kurvenform, sondern nur eine zeitlich spätere Anzeige. Wie läßt sich nun die genannte Forderung mit Hilfe der „Phasengrößen" (Phasenverschiebungswinkel oder Phasenverschiebungszeit) ausdrücken? Sicherlich bedeutet die Forderung nicht — wie man etwa versucht sein könnte zu vermuten —, daß alle Harmonischen denselben Wert des Phasenverschiebungswinkels ε_3 aufweisen müßten. Eine zeitliche Verschiebung aller Harmonischen um denselben Wert t_0 bedeutet nämlich einen Phasenverschiebungswinkel für die erste Harmonische $\varepsilon_3^{(1)} = \Omega t_0$, für die zweite $\varepsilon_3^{(2)} = 2\Omega t_0$, allgemein für die k-te Harmonische $\varepsilon_3^{(k)} = k\Omega t_0$. Nicht die Phasenverschiebungswinkel müssen dieselben sein, sondern — entsprechend der gleichmäßigen Verschiebung aller Harmonischen auf der Zeitachse — die Phasenver-

schiebungszeiten. Nun geht aber nach Gl. (4.3) die Phasenverschiebungszeit aus dem Phasenverschiebungswinkel hervor nach
$$t_{\varepsilon_3} = \frac{\varepsilon_3}{\Omega}, \tag{14.1a}$$
so daß [mit Gl. (8.9)] gilt
$$t_{\varepsilon_3} = \frac{1}{\Omega} \operatorname{arc\,tg} \frac{2D\eta}{1-\eta^2}. \tag{14.1b}$$

Bezieht man, um zu einer dimensionslosen Größe zu gelangen, diese Phasenverschiebungszeit t_{ε_3} auf einen festen Wert einer Zeitgröße, z. B. die Periode $T = \frac{2\pi}{\omega}$ einer Eigenschwingung des (ungedämpft gedachten) Gerätes, so erhält man eine „relative Phasenverschiebungszeit"

$$\tau_3 = \frac{t_{\varepsilon_3}}{T} = \frac{1}{2\pi} \frac{\varepsilon_3}{\eta} = \frac{1}{2\pi} \frac{1}{\eta} \operatorname{arc\,tg} \frac{2D\eta}{1-\eta^2}. \tag{14.2}$$

Aus der Form $\tau_3 = \frac{1}{2\pi} \frac{\varepsilon_3}{\eta}$ liest man ab, daß die relative Phasenverschiebungszeit τ_3 sich im Diagramm des Phasenverschiebungswinkels ε_3, Abb. 8/4a — soweit darin die Abszisse ζ mit η identisch ist — abgesehen vom Faktor $\frac{1}{2\pi}$ als Tangens des Winkels ψ in dem aus Ordinate und Abszisse gebildeten Dreieck zeigt (Abb. 14/1).

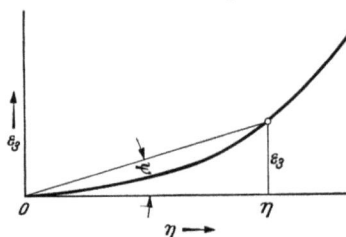

Abb. 14/1. Deutung der Phasenverschiebungszeit an der Kurve des Phasenverschiebungswinkels.

Das Diagramm der Kurvenschar $\tau_3(\eta)$ mit dem Dämpfungsmaß D als Scharparameter zeigt Abb. 14/2.

Da $\tau_3 = \text{const}$ Verzerrungsfreiheit bedeutet, wird die Verzerrung selbst durch die Schwankung $\varDelta \tau$ im Frequenzintervall gemessen. Falls im Intervall von 0 bis η kein Maximum der Kurve $\tau_3(\eta)$ liegt, wird die Schwankung durch

$$\varDelta \tau = |\tau_3(\eta, D) - \tau_3(0, D)| \tag{14.3a}$$

angegeben; liegt dagegen ein Maximum im Intervall, das den Wert $\tau_{3\max}$ hat, so wird die Schwankung durch

$$\varDelta \tau = |\tau_{3\max} - \tau_3(0, D)| \tag{14.3b}$$

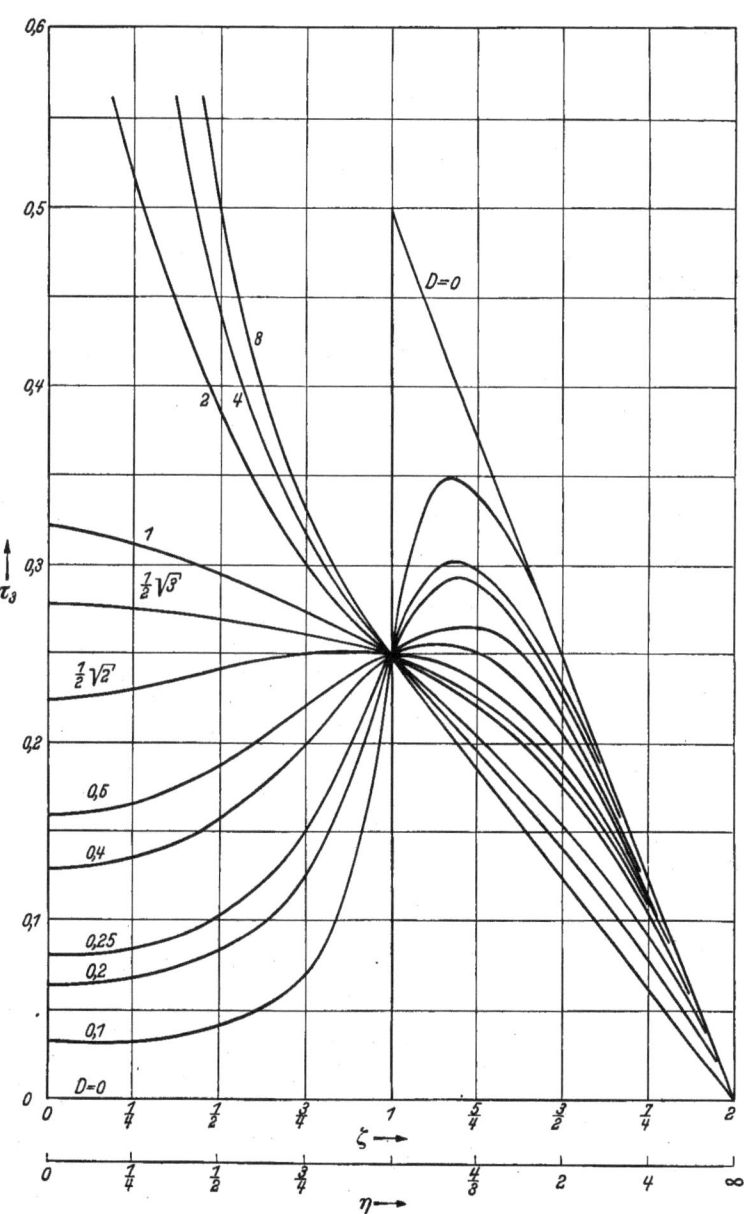

Abb. 14/2. Relative Phasenverschiebungszeit τ_s.

angezeigt, solange $\tau_3(\eta, D) > \tau_3(0, D)$ ist, dagegen durch

$$\Delta\tau = |\tau_{3\max} - \tau_3(\eta, D)|, \qquad (14.3\,\text{c})$$

falls $\tau_3(\eta, D) < \tau_3(0, D)$ ist. Man entnimmt dem Diagramm, daß für kleine Werte η, die nach dem über V_3 Gesagten allein interessieren, alle Kurven flach verlaufen, da sie alle bei $\eta = 0$ ein Extremum aufweisen. Welche dieser Kurven verläuft nun „am flachsten", d. h. gibt die geringste Veranlassung zu Phasenverzerrungen? Nimmt man als Kennzeichen des flachsten Verlaufs das Verschwinden der Krümmung an der Stelle $\eta = 0$, so liefert dies den Wert $D = 0$ oder $D = \frac{1}{2}\sqrt{3}$, wie man erkennt, wenn man die Funktion (14.2) nach Potenzen von η entwickelt:

$$\tau_3(\eta, D) = \frac{D}{\pi}[1 + \eta^2(1 - \tfrac{4}{3}D^2) + \eta^4(1 - 4D^2 + \tfrac{16}{5}D^4) + \cdots].$$

(Der zu $D = 0$ gehörende Wert $\tau_3 = 0$ ist hier natürlich, im Gegensatz zum Wert $V_3 = 0$, zugelassen.) Die beiden Forderungen, die nach Freiheit von „Amplitudenverzerrung" und die nach Freiheit von „Phasenverzerrung", führen also nicht zum gleichen Bestwert des Dämpfungsmaßes D. Man ist daher gezwungen, ein Kompromiß zu schließen. Schwerwiegend sind die Abweichungen von den Bestwerten deshalb nicht, weil, wie das Diagramm in Abb. 14/2 ausweist, abgesehen von großen Werten des Dämpfungsmaßes alle Kurven $\tau_3(\eta)$ am Anfang recht flach verlaufen, also zu geringen Schwankungen führen. Ein Dämpfungsmaß D, das aus Gründen der kleinsten Amplitudenverzerrung gewählt wurde (mag es sich um $D = \frac{1}{2}\sqrt{2}$, $D = D^*$ oder sonst einen Wert handeln), genügt also (in der Regel) auch der Forderung nach Freiheit von Phasenverzerrung in ausreichendem Maße.

In Abb. 14/3 ist angegeben, welche Schwankung $\Delta\tau$ der relativen Phasenverschiebungszeit τ_3 man nach einer der Gln. (14.3) in Kauf nehmen muß, wenn man das Intervall der Werte η von Null bis zu jenem Wert η^* ausdehnt, der sich (wie in Ziff. 13 dargelegt) ergibt, wenn man für $V_3(\eta)$ eine Schwankung F nach Gl. (13.1) zuläßt. Die Schwankung $\Delta\tau$ stellt sich dann als eine Funktion der Fehlerschranke F dar. In Abb. 14/3 ist ferner der Verlauf von $\tau_3(\eta^*)$ als Funktion von F dargestellt.

Zusammenfassend stellen wir fest: Nicht ein ungedämpftes Gerät, sondern eines, dessen Dämpfung nach den erörterten Gesichtspunkten bemessen ist, gibt die geringste Verzerrung der Anzeige, wenn diese über einer Zeitachse aufgetragen wird.

Die oben gestellte Forderung, daß die Phasenverschiebungszeit für alle Harmonischen den gleichen Wert aufweist, sichert die Freiheit von Phasenverzerrung auf eine bestimmte Weise: Die Harmonischen werden „gegenseitig starr verbunden" auf der Zeitachse verschoben. Es gibt jedoch noch eine zweite Möglichkeit, eine unverzerrte Anzeige zu erreichen. Wenn alle Harmonischen um den Phasenwinkel π verschoben werden, bleiben sie zwar nicht mehr starr verbunden, setzen sich jedoch einfach zum negativen Bild zusammen.

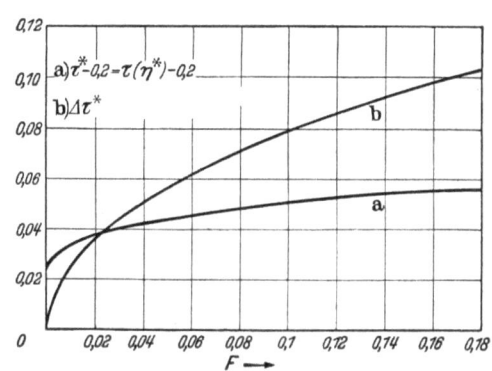

Abb. 14/3. Phasenverschiebungszeiten für günstigste Dämpfung.

Eine (eigentliche) Verzerrung findet auch so nicht statt. Von dieser Möglichkeit werden wir an einer späteren Stelle (Ziff. 17) noch sprechen.

Die Erörterungen, die wir bezüglich der Phasenverzerrung durchführten, gelten in dieser Form für alle Aufzeichnungen über einer Zeitachse, z. B. für die eines Oszillographen. Beim Indikator liegen die Verhältnisse insofern anders, als dort die Aufzeichnung über dem Kolbenweg s erfolgt, der keineswegs mit gleichförmiger Geschwindigkeit durchmessen wird. Ließe man auch hier eine von Null verschiedene, wenn auch für alle Erregerordnungen gleiche Phasenverschiebungszeit zu, so erhielte man dennoch eine Verzerrung der aufgezeichneten Kurve. Hier muß man die Forderung also strenger stellen und verlangen, daß für alle in Betracht kommenden Ordnungen $\tau_s = \text{const} = 0$ ist. Verschwindende Phasenverschiebungszeit gibt es aber nur für verschwindendes Dämpfungsmaß D. Die Indikatoren müssen also möglichst dämpfungsfrei arbeiten. Tun sie das aber, so muß man, da der Gang der Vergrößerungsfunktion V_s mit dem Frequenzverhältnis η für $D = 0$ stärker ist als etwa für $D = 0,6$, das

Gebiet der erlaubten Werte η einschränken. Für eine vorgegebene Fehlerschranke F ist jetzt nicht mehr $\eta_c(\mathsf{D}=\mathsf{D}^*)$, sondern $\eta_a(\mathsf{D}=0)$ maßgebend (vgl. Abb. 13/4). Nach Gl. (13.1b) wird

$$\eta_a(\mathsf{D}=0) = \sqrt{\frac{F}{1+F}} \approx \sqrt{F}.$$

In der Maschinenmeßtechnik[1] pflegt man deshalb vorzuschreiben, daß η nicht größer als etwa $1/8$ sein darf. Man sieht, daß dies eine sehr viel höhere Eigenfrequenz des Gerätes bedingt, als sie bei gleicher Anforderung an die Verzerrungsfreiheit beim Oszillographen sein müßte.

Bei Geräten, die, wie der Indikator, nur schwach oder gar nicht gedämpft sein dürfen, machen sich allerdings die **Ausgleichsvorgänge** in den Aufzeichnungen meist deutlich bemerkbar. Man pflegt sie dort dadurch auszuscheiden, daß man durch den rasche, kleine Schwingungen aufweisenden Schrieb eine **glatte Kurve** hindurchlegt.

Noch anders, aber sehr viel einfacher, liegt die Frage der Phasenverzerrung bei der Telefonmembran. Hier ist jede Phasenverzerrung erlaubt, weil sie ganz ohne Bedeutung ist: Das Ohr, das die von der Membran erzeugten Luftschwingungen aufnimmt, analysiert nämlich das Tongemisch, d. h. das Schwingungsgemisch, sofort wieder, indem es das Gemisch in seine Harmonischen zerlegt. Es reagiert nur auf die einzelnen Harmonischen, so daß es völlig gleichgültig ist, welche gegenseitige Lage die Harmonischen im Gemisch aufweisen.

Wie die Erörterungen über die Amplitudenverzerrung bei den Kraftmessern auf alle jene Gerätearten übernommen werden können, deren Verhalten ebenfalls durch die Funktion V_3 beschrieben wird, so können auch die Erörterungen über die Phasenverzerrung, die sich an die Eigenschaften der Funktion τ_3 anschließen, auf jene gleichen Geräte ausgedehnt werden.

15. Zwei Beispiele für die Verzerrung. Wir verdeutlichen die in Ziff. 13 und 14 durchgeführten Überlegungen noch durch zwei Beispiele.

Im ersten Beispiel zeigen wir, wie ein gegebener **Kraftverlauf** (Abb. 15/1) durch verschieden bemessene Geräte angezeigt wird. Der Maßstab auf der Zeitachse von Abb. 15/1 sei so gewählt,

---

[1] De Juhasz-Geiger: Der Indikator. Berlin 1938.

Ziff. 15.   Zwei Beispiele für die Verzerrung.   71

daß die Periode $T = 1/100$ sec ist. In der den Kraftverlauf wiedergebenden Funktion stecken drei wesentliche Harmonische, die erste, dritte und fünfte. Ihre Frequenzen sind $\Omega_1 = 2\pi \cdot 100/\text{sec}$, $\Omega_3 = 2\pi \cdot 300/\text{sec}$, $\Omega_5 = 2\pi \cdot 500/\text{sec}$; die ihnen zugehörigen Amplituden verhalten sich wie $1 : 1/3 : 1/5$.

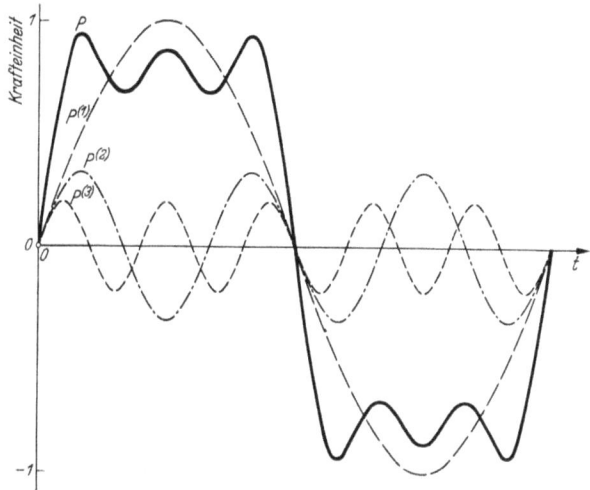

Abb. 15/1. Erregerkraft P mit harmonischen Bestandteilen $P^{(1)}$, $P^{(3)}$, $P^{(5)}$.

Der so beschriebene Kraftverlauf soll nun durch vier verschiedene Meßgeräte a), b), c) und d) aufgenommen werden. Die Eigenfrequenzen und Dämpfungsmaße der Geräte sind:

a) $\omega = 2\pi \cdot 600/\text{sec}$ $D = 0$,
b) $\omega = 2\pi \cdot 600/\text{sec}$ $D = \frac{1}{2}\sqrt{2}$,
c) $\omega = 2\pi \cdot 600/\text{sec}$ $D = 4$,
d) $\omega = 2\pi \cdot 1500/\text{sec}$ $D = \frac{1}{2}\sqrt{2}$.

Die Werte des Frequenzverhältnisses der drei Harmonischen sind damit für die Geräte a) bis c)

$\eta_1 = 1/6, \quad \eta_3 = 1/2, \quad \eta_5 = 5/6,$

für das Gerät d)

$\eta_1 = 1/15, \quad \eta_3 = 1/5, \quad \eta_5 = 1/3.$

In der Tabelle 15/1 auf Seite 74 sind die Werte der Vergrößerungsfunktion $V_3^{(k)}$ für jede Harmonische $P^{(k)}$, das Produkt

$P^{(k)} V_3^{(k)}$ (das ein Maß ist für den Ausschlag) sowie Nacheilwinkel ε_3 und relative Nacheilzeit $\tau_3 = \dfrac{\varepsilon_3}{2\pi\eta}$ verzeichnet. In den

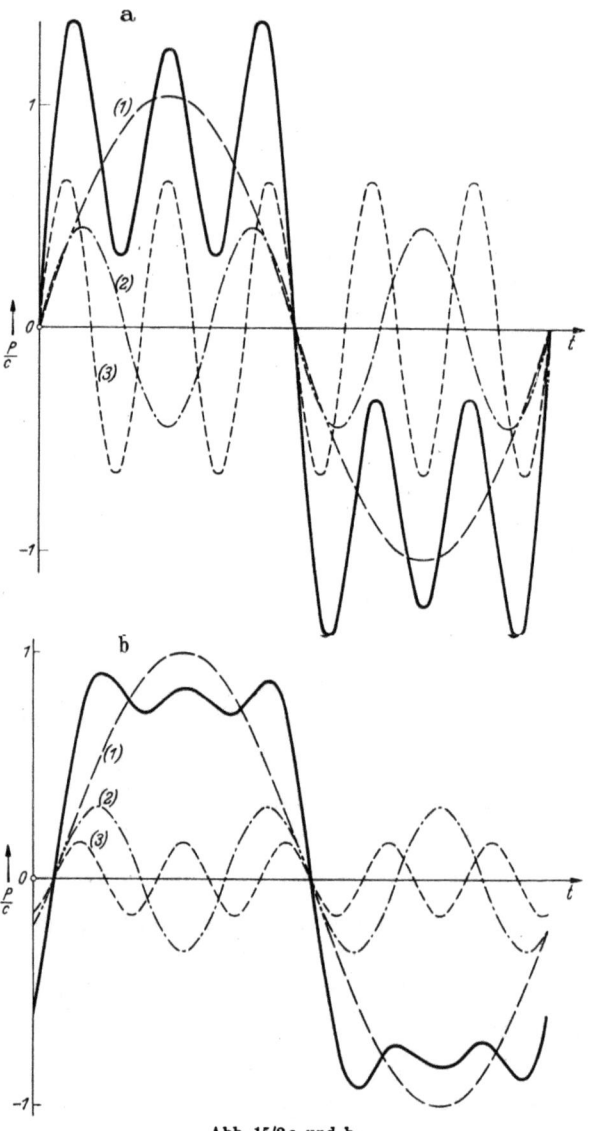

Abb. 15/2a und b.

Ziff. 15.   Zwei Beispiele für die Verzerrung.   73

Abb. 15/2a, b, c, d sind (stark ausgezogen) die vier Kurven wiedergegeben, die die vier vorausgesetzten Geräte aufzeichnen würden.

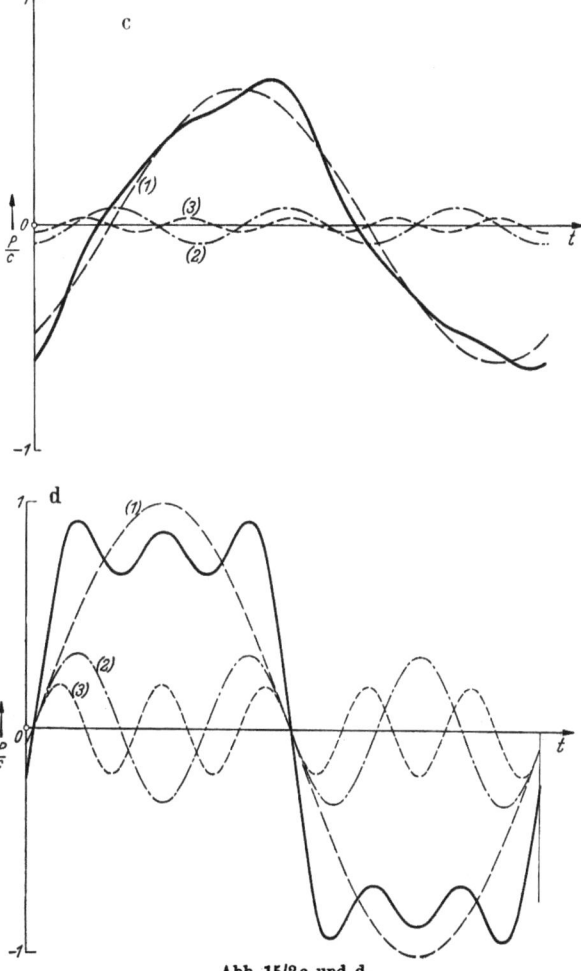

Abb. 15/2c und d.

Abb. 15/2a bis d. Aufzeichnungen eines kraftmessenden Gerätes bei verschiedener Abstimmung und Dämpfung, wenn die Erregerkraft nach Abb. 15/1 verläuft.

a) $\omega = 600 \frac{2\pi}{\text{sec}}$, D=0, b) $\omega = 600 \frac{2\pi}{\text{sec}}$, D=$\frac{1}{4}\sqrt{2}$, c) $\omega = 600 \frac{2\pi}{\text{sec}}$, D=4, d) $\omega = 1500 \frac{2\pi}{\text{sec}}$, D=$\frac{1}{4}\sqrt{2}$.

Die einzelnen Harmonischen, aus denen sich die Kurven zusammensetzen (und deren Amplituden proportional $P^{(k)} V_3^{(k)}$ sind), sind

Tabelle 15/1.

Größe	Frequenzverhältnis $\eta = \dfrac{\Omega}{\omega}$	Harmonische Erregende P	Vergrößerung $V_3(\eta, D)$	$P V_3$	$\operatorname{tg} \varepsilon_3$	Nacheilwinkel ε_3	relative Nacheilzeit $\tau_3 = \dfrac{\varepsilon_3}{2\pi\eta}$
Einheit	1	Krafteinheit	1	Krafteinheit	1	1	1
D = 0	$\dfrac{100}{600} = \dfrac{1}{6}$	1	1,029	1,029	0	0	0
	$\dfrac{300}{600} = \dfrac{1}{2}$	$1/3$	1,333	0,444	0	0	0
	$\dfrac{500}{600} = \dfrac{5}{6}$	$1/5$	3,273	0,655	0	0	0
$D = \dfrac{1}{2}\sqrt{2}$	$\dfrac{1}{6}$	1	1,000	1,000	0,242	0,238	0,227
	$\dfrac{1}{2}$	$1/3$	0,970	0,323	0,943	0,756	0,241
	$\dfrac{5}{6}$	$1/5$	0,821	0,164	3,857	1,317	0,252
D = 4	$\dfrac{1}{6}$	1	0,606	0,606	1,371	0,941	0,898
	$\dfrac{1}{2}$	$1/3$	0,246	0,082	5,333	1,385	0,441
	$\dfrac{5}{6}$	$1/5$	0,150	0,030	21,818	1,525	0,291
$D = \dfrac{1}{2}\sqrt{2}$	$\dfrac{100}{1500} = \dfrac{1}{15}$	1	1,000	1,000	0,095	0,094	0,225
	$\dfrac{300}{1500} = \dfrac{1}{5}$	$1/3$	0,999	0,333	0,295	0,287	0,228
	$\dfrac{500}{1500} = \dfrac{1}{3}$	$1/5$	0,994	0,199	0,530	0,488	0,232

mit den Bezeichnungen (1), (2) und (3) in allen vier Fällen ebenfalls eingezeichnet. Die Kurven zeigen deutlich die früher erwähnten Merkmale:

Liegt die Frequenz einer Harmonischen der Erregerkraft der Eigenfrequenz des Gerätes zu nahe, so wird, wenn keine Dämpfung vorhanden ist, diese Harmonische stark herausgehoben [$P^{(3)}$ im Fall a)] und damit das Gesamtbild verzerrt. Durch An-

Ziff. 15. Zwei Beispiele für die Verzerrung.

wendung einer Dämpfung von geeigneter Stärke kann diese Erscheinung vermieden werden [Fall b)]. Noch geringere Verzerrung erhält man, wenn man außerdem die Eigenfrequenz des Gerätes erhöht [Fall d)]. Zu starke Dämpfung löscht dagegen die höheren Harmonischen fast völlig aus; es bleibt dann nur die (etwas deformierte) Grundschwingung übrig [Fall c)].

In Abb. 15/3 sind des besseren Vergleichs wegen die von den vier Geräten aufgezeichneten Kurven mit der Kurve der einwirkenden Kraft zusammen wiedergegeben.

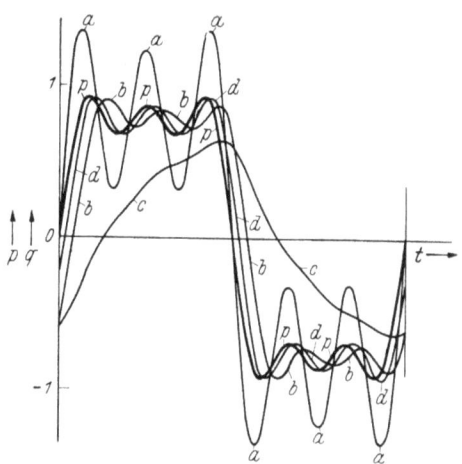

Abb. 15/3. Erregerkraft $p(t)$ und Anzeigen $q(t)$ nach Abb. 15/1 und Abb. 15/2.

Als zweites Beispiel behandeln wir die folgenden Fragen:

1. Wie hoch muß die Eigenfrequenz ω eines Kraftmessers gemacht werden, damit ein Kraftverlauf mit der Periode $T = {}^1/_{10}$ sec bis zur 9. Harmonischen mit einem Fehler in den Amplituden von höchstens 10% wiedergegeben wird,

   a) wenn keine Dämpfung verwendet wird,
   b) wenn das Dämpfungsmaß $D = \frac{1}{2}\sqrt{2}$ ist,
   c) wenn das „günstigste Dämpfungsmaß" D^* verwendet wird?

2. Wie groß ist übrigens dieses günstigste Dämpfungsmaß?
3. Wie groß ist jeweils die Schwankung $\Delta\tau$ der relativen Phasenverschiebungszeit τ_3 im betrachteten Frequenzintervall?
4. Welcher Wert der Vergrößerungsfunktion V_3 ergibt sich bei der jeweiligen Eigenfrequenz des Gerätes für die 18. Harmonische? Welchen Wert nimmt die Schwankung $\Delta\tau$ dann an?

Die Antworten auf die gestellten Fragen sind alle in der nachfolgenden Tabelle 15/2 enthalten. Für eine Schwankung $F = 0,1$ der Vergrößerungsfunktion, wie sie hier zugelassen wird, ergibt sich ein günstigstes Dämpfungsmaß $D^* = 0,540$ (zweite Spalte). In der dritten Spalte der Tabelle sind die Höchstwerte des

76　　IV. Kraftmessung und Bewegungsmessung.　　Ziff. 16.

Tabelle 15/2.

1	2	3	4	5	6	7
Fall	D	η	$\omega = \Omega_9/\eta$	$\Delta\tau(\eta_9)$	$V_3(\eta_{18}, D)$	$\Delta\tau(\eta_{18})$
a)	0	0,302	$298,5 \cdot \frac{2\pi}{\text{sec}}$	0	1,563	0
b)	$\frac{1}{2}\sqrt{2}$	0,696	$129,33 \cdot \frac{2\pi}{\text{sec}}$	0,0237	0,459	0,027
c)	$D^* = 0,540$	1,027	$87,63 \cdot \frac{2\pi}{\text{sec}}$	0,0792	0,280	0,081

Frequenzverhältnisses aufgeführt, die für die jeweiligen Dämpfungswerte erlaubt sind, damit die Schwankung von V_3 den Betrag 0,1 nicht überschreitet. Diese Werte sollen der neunten Harmonischen zukommen. Demgemäß ergeben sich für den Mindestwert der Eigenfrequenz $\omega = \Omega_9/\eta$ des Gerätes die Werte der Spalte 4. In Spalte 5 stehen die zugehörigen, nach einer der Gln. (14.3) errechneten Schwankungen der relativen Phasenverschiebungszeit. Spalte 6 zeigt, welcher Wert V_3 sich für die 18. Harmonische ergibt. Man sieht, daß er im Fall a) um 56% zu groß, in den Fällen b) und c) um 54% bzw. 72% zu klein ist. Spalte 7 gibt die zugehörigen Schwankungen der Phasenverschiebungszeiten an. Sie berechnen sich im Falle b) und c) aus der Gl. (14.3b). Für die Berechnung der Werte in Spalte 2 und 3 sind die Gln. (13.1b), (13.10a), (13.11a), (13.11b) verwendet worden.

B. Bewegungsmesser ohne Festpunkt.

16. Allgemeines; federgefesselte und reibungsgefesselte, wegfühlende und geschwindigkeitsfühlende Geräte. Nachdem wir in Abschnitt III und IV A die Kraftmesser betrachtet haben, kommen wir nun zu den Bewegungsmessern. Unter dieser Bezeichnung fassen wir alle Geräte zusammen, die Wege (Längenwege oder Winkelwege) und ihre Ableitungen, nämlich Geschwindigkeiten, Beschleunigungen oder Rucke, zu messen gestatten. Bei der Messung von Kräften machten wir die (dort notwendige und stets erfüllbare) Voraussetzung, daß ein fester Punkt vorhanden sei, gegen den die Feder des Meßgerätes sich stützen kann. Für eine Bewegungsmessung können wir diese Voraussetzung jedoch nicht immer machen. Ein Festpunkt, gegen den eine Schwingbewegung

Ziff. 16. Allgemeines.

gemessen werden könnte, steht durchaus nicht immer zur Verfügung. Man denke etwa an die Messung solcher Bewegungen bei einem Fahrzeug, einem Straßen-, See- oder gar Luftfahrzeug. Aber auch in viel „irdischeren" Fällen hält es schwer, einen festen Punkt zu finden. Die Schwingbewegungen, die ein Gebäude, ein Teil eines Gebäudes, ein Maschinenfundament oder auch ein Maschinenteil, eine Welle etwa ausführen, lassen sich meist nur schwer auf einen festen Punkt beziehen, schon gar nicht mehr die schwingenden Bewegungen (Beben) der Erdkruste. Es bedeutet nun für die Bewegungsmessung einen grundsätzlichen Unterschied, ob ein Festpunkt vorhanden ist oder nicht. Wir teilen Meßmethoden und Meßgeräte sogar nach diesem Gesichtspunkt ein. Zuerst wenden wir uns dem Fall zu, in dem ein Festpunkt nicht vorhanden ist.

Steht ein Festpunkt außerhalb des Gerätes nicht zur Verfügung, so muß man die zu messende Bewegung des „Gerätefußpunktes" auf einen anderen, zweckmäßig gewählten Punkt beziehen. Einen solchen Punkt verschafft man sich, indem man einen Punktkörper (mit der Masse a) an das „Gehäuse" „fesselt".

Für einen Schwingwegmesser wäre es dabei ersichtlich am vorteilhaftesten, wenn die Masse a möglichst groß gemacht und die Kraftwirkung vom Gehäuse her auf sie möglichst klein gehalten werden könnte.

Die Fesselung (Kraftübertragung) kann nun in verschiedener Weise erfolgen. Die am weitaus häufigsten verwendete Art ist die durch Federn; so entstehen die „federgefesselten Geräte".

Abb. 16/1 zeigt schematisch zwei Anordnungen für federgefesselte Geräte. Beiden Anordnungen ist gemeinsam, daß dem Fußpunkt B der Feder (dem Gehäuse des Gerätes) die Absolutbewegung $u(t)$ aufgeprägt wird, die selbst oder von deren Ableitungen eine gemessen werden soll. Da ein Festpunkt nicht erreichbar ist, kann hier nicht wie früher die Absolutbewegung $q(t)$ der an den Punkt C reduzierten Masse a registriert werden, das Gerät kann vielmehr nur ihre relative Bewegung

$$r(t) = q(t) - u(t)$$

anzeigen; und zwar wird im Fall der Abb. 16/1a der Relativausschlag r selbst, im Fall der Abb. 16/1b (wo eine Tauchspule im Feld eines Magneten sich bewegt) die Relativgeschwindigkeit $\dot r$ er-

faßt oder „gefühlt". Im ersten Fall sprechen wir von einem **wegfühlenden**, im zweiten Fall von einem **geschwindigkeitsfühlenden** Gerät.

Die Bemerkung, daß ein Gerät den Weg r bzw. die Geschwindigkeit $\dot r$
„fühlt" (anzeigt), sagt natürlich zunächst noch nichts darüber aus, welche
Ableitung der einwirkenden Bewegung $u(t)$ mit einem solchen Gerät
gemessen werden kann. Die Bezeichnungen „wegfühlend" und „geschwindigkeitsfühlend" sollen nur auf das Meßverfahren hinweisen. In diesem Sinn
kann auch ein Federkraftmesser als wegfühlendes Gerät bezeichnet werden.

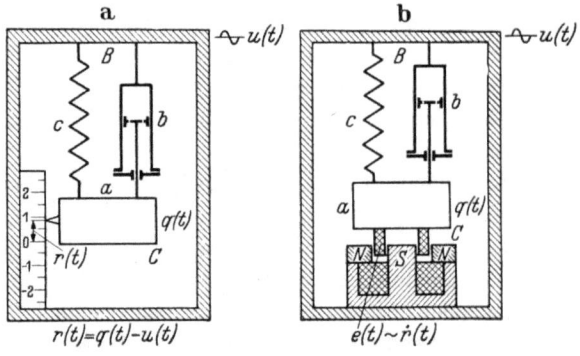

Abb. 16/1. Schemata eines Bewegungsmessers ohne Festpunkt.
a) Wegfühlendes Gerät (Wegmesser oder Beschleunigungsmesser); b) Geschwindigkeitsfühlendes Gerät (Geschwindigkeitsmesser oder Ruckmesser).

Neben der beschriebenen, häufigsten Art der Kraftübertragung
zwischen Gehäuse und „Masse", die durch Federkräfte erfolgt
(Federfesselung), sind auch Übertragungen durch andere Kräfte,
z. B. durch Reibungskräfte möglich; unter ihnen sind die geschwindigkeitsproportionalen Reibungskräfte (auch Dämpfungskräfte
genannt) die wichtigsten. Wir wollen in übertragener Sprechweise
auch hier von einer „Fesselung" sprechen. Die schematische Anordnung eines solchen „reibungsgefesselten" Gerätes entspricht
der der Abb. 16/1, wenn die Feder c fehlt, eine Reibungsanord-
nung aber vorhanden ist. Vom Zylinder, der mit dem Gehäuse B
verbunden ist, werden über die Ölfüllung geschwindigkeitsproportionale Reibungskräfte auf die Masse a übertragen. Von der
Relativbewegung $r = q - u$ kann auch hier entweder die nullte
Ableitung (der Weg selber) (Abb. 16/1a) oder die erste Ableitung
(die Geschwindigkeit) (Abb. 16/1b) gefühlt werden. Auch hier ist
das im Gerät geschaffene System bewegungsfähig; seine freien

Bewegungen sind aber keine Schwingungen, sondern Kriechbewegungen.

Im folgenden werden wir stets die einander entsprechenden Punkte der verschiedenen Geräte in gleichartiger Weise benennen: Mit A ist stets der Festpunkt bezeichnet, falls ein solcher vorhanden ist, mit B der Gerätefußpunkt (Federfußpunkt), dem die (Absolut-)Bewegung $u(t)$ aufgeprägt wird, mit C der Punkt (Federendpunkt), an den die Masse a reduziert wurde und der die (Absolut-)Bewegung $q(t)$ ausführt.

In den folgenden Ziffern dieses Abschnitts IV B werden wir im Teil a) zunächst die federgefesselten Geräte, dann im Teil b) (Ziff. 20) die reibungsgefesselten Geräte betrachten. In jedem Fall setzen wir eine periodische Einwirkung voraus. Die nichtperiodischen Einwirkungen werden dann in Abschnitt V betrachtet.

a) Federgefesselte Geräte.

17. Wegfühlende Geräte; Wegmesser. α) Bewegungsgleichung, Vergrößerungsfunktion und Phasenverschiebungswinkel. Die Bewegungsgleichung der Masse a eines Schwingers, dessen Fußpunkt B die Bewegung $u(t)$ ausführt, lautet bei Vorhandensein einer Relativdämpfung [Abb. 16/1a; s. Gl. (8.20b)]:

$$a\ddot{q} + b(\dot{q} - \dot{u}) + c(q - u) = 0. \tag{17.1}$$

Da bei fehlendem Festpunkt nicht $q(t)$, sondern nur $r(t) = q - u$ angezeigt werden kann, suchen wir hier einen Schluß von $r(t)$ auf $u(t)$ zu ziehen. Wir eliminieren daher q aus der Gleichung. Nach Subtraktion von $a\ddot{u}$ auf beiden Seiten der Gleichung kommt

$$a\ddot{r} + b\dot{r} + cr = -a\ddot{u}. \tag{17.2}$$

Da wir uns auf die Betrachtung harmonischer Einwirkungen u beschränken dürfen, gilt (in komplexer Schreibweise)

$$\mathfrak{u} = \mathfrak{U} e^{i\Omega t}.$$

Mit dem Ansatz

$$\mathfrak{r} = \mathfrak{R} e^{i\Omega t}$$

kommt aus (17.2) die Gleichung.

$$\mathfrak{R}(-a\Omega^2 + ib\Omega + c) = a\Omega^2 \mathfrak{U} \tag{17.3}$$

80 IV. Kraftmessung und Bewegungsmessung. Ziff. 17.

zustande. Sie liefert unter Benutzung der Abkürzung $\mathfrak{h}_1$ nach (8.3a)

$$\mathfrak{R} = -\mathfrak{U}\,\mathfrak{h}_1. \qquad (17.4)$$

In dieser Gleichung stecken, wenn man sie in reeller Form schreibt, zwei verschiedene Aussagen. Die über die Amplitude läßt sich unter Benutzung der Vergrößerungsfunktion V_1 ohne weiteres anschreiben:

$$R = U V_1. \qquad (17.5a)$$

Hinsichtlich des Phasenverschiebungswinkels muß man nun entscheiden, ob man die Phasenverschiebung zwischen $\mathfrak{R}$ und $(+\mathfrak{U})$ oder $\mathfrak{R}$ und $(-\mathfrak{U})$ betrachten will. Beides ist möglich, da es uns hier ähnlich wie bei der Betrachtung in Ziff. 14 nur auf die Untersuchung solcher Phasenverschiebungen ankommen wird, die mit eigentlichen Verzerrungen verbunden sind. Eine Wiedergabe des negativen Wertes bedeutet aber noch keine Verzerrung. Ob die Phasenverschiebung zwischen $\mathfrak{R}$ und $(+\mathfrak{U})$ oder die zwischen $\mathfrak{R}$ und $(-\mathfrak{U})$ betrachtet werden soll, wird danach entschieden, welche Betrachtungsweise einfacher ist. Es wird sich sogleich herausstellen, daß es zweckmäßig ist, die Beziehungen zwischen $\mathfrak{R}$ und $(-\mathfrak{U})$ zu untersuchen. Die Phasenverschiebung zwischen diesen beiden Größen wird durch das Argument der Größe $\mathfrak{h}_1$ bestimmt. Der zugehörige Winkel ist der Voreilwinkel γ_1, wie er in (8.18) angegeben ist,

$$\gamma_1 = \operatorname{arc\,tg} \frac{2\,\mathsf{D}\,\eta}{\eta^2 - 1}. \qquad (17.5\mathrm{b})$$

Die Vergrößerungsfunktion V_1 ist in Abb. 8/3, der Voreilwinkel γ_1 in Abb. 8/4a mit eingetragen.

β) **Die Verzerrungen; Zahlenbeispiel.** Für eine unverzerrte Anzeige verlangen wir auch hier erstens Freiheit von **Amplitudenverzerrung**, zweitens Freiheit von **Phasenverzerrung**. Die erste Forderung bedeutet, daß V_1 für alle in Betracht kommenden Frequenzverhältnisse $\eta_k = \dfrac{\Omega_k}{\omega}$ einen konstanten Wert habe (der nicht Null sein darf). Abb. 8/3 gibt Auskunft, wo solche Wertebereiche η anzutreffen sind: für große Werte η. Damit für alle in Betracht kommenden Erregerfrequenzen Ω_k das Frequenzverhältnis η_k groß wird, muß die Eigenfrequenz ω des Gerätes klein sein. Die Empfindlichkeit des Wegmessers wird

Ziff. 17. Wegfühlende Geräte; Wegmesser. 81

definiert durch den Quotienten $\frac{Z}{U}$; sie ist

$$\frac{Z}{U} = \frac{Z}{R}\frac{R}{U} = \xi_0 V_1, \qquad (17.6)$$

vgl. (11.1) und (17.5a).

Die Entscheidung darüber, wann ω genügend klein ist, hängt auch hier von drei Faktoren ab:
1. von den Ansprüchen an den Grad der Verzerrungsfreiheit;
2. von derjenigen Erregerfrequenz, die am schwierigsten zu erfassen ist; sie ist hier nicht die höchste, sondern die niedrigste, also die der Grundharmonischen, Ω_1;
3. von dem Dämpfungsmaß D des Schwingers.

Die Betrachtung verläuft im übrigen derjenigen völlig analog, die wir im Abschnitt IV A, Ziff. 13, an Hand der Vergrößerungsfunktion V_3 angestellt haben, um eine Anzeige (von Kräften) zu erhalten, die frei ist von Amplitudenverzerrung. Was wir dort für η aussagten, gilt wegen Gl. (8.17b) jetzt für $1/\eta$. Die gezeichnete Kurvenschar der Abb. 8/3 wird „an derselben Stelle" des Diagramms, nämlich „links" untersucht. Wir brauchen die Untersuchung deshalb hier nicht zu wiederholen. Das Ergebnis lautet auch hier: Nicht ein ungedämpftes Gerät, sondern eines, das eine geeignete Dämpfung besitzt, gibt die am wenigsten verzerrte Anzeige. Der größte noch zulässige Wert der Eigenfrequenz des Gerätes ist hier, wenn η_F die untere Grenze des jetzt erlaubten Intervalls bedeutet,

$$\omega_{\max} = \frac{\Omega_1}{\eta_F}. \qquad (17.7)$$

Wir kommen nun zur Erörterung der Phasenverzerrung. Die Betrachtungen in Ziff. 14 zeigten, daß nicht der Phasenverschiebungswinkel, sondern die Phasenverschiebungszeit für eine Verzerrung maßgebend ist. Ähnlich wie wir in Ziff. 14 aus dem Nacheilwinkel ε_3 eine Phasenverschiebungszeit (Nacheilzeit) t_{ε_3} und eine relative Phasenverschiebungszeit τ_3 herstellten, bilden wir nun aus dem Voreilwinkel γ_1 eine Phasenverschiebungszeit (Voreilzeit) t_{γ_1} und eine relative Phasenverschiebungszeit τ_1. Analog den Gln. (14.1) und (14.2) kommt dann

$$t_{\gamma_1} = \frac{\gamma_1}{\Omega} \qquad (17.8\text{a})$$

und

$$\tau_1 = \frac{1}{2\pi}\frac{\gamma_1}{\eta} = \frac{1}{2\pi}\frac{1}{\eta}\operatorname{arc\,tg}\frac{2D\eta}{\eta^2-1}. \qquad (17.8\text{b})$$

Abb. 17/1a zeigt den allgemeinen Verlauf dieser relativen Voreilzeit $\tau_1(\eta)$, Abb. 17/1b in größerem Maßstab den rechten Teil davon. Dieser rechte Teil ist hier allein von Interesse, da wegen der Forderung nach Freiheit von Amplitudenverzerrung, wie wir soeben gezeigt haben, nur große Werte des Frequenzverhältnisses η in Betracht kommen.

Die Kurven $\tau_1(\eta, D)$ laufen für sehr große Werte η alle nach Null. Die Schwankung $\Delta \tau$ der Phasenverschiebungszeit im Gebiet großer Werte η ist identisch mit dem Funktionswert τ_1 an jener Stelle η, die zur Grundharmonischen gehört. Die Schwankung ist um so geringer, je geringer das Dämpfungsmaß D ist. Günstigstes Dämpfungsmaß hinsichtlich der Freiheit von Phasenverzerrung wäre hier $D = 0$. Alle Kurven (außer der für $D = \infty$) besitzen sogar in der Auftragung über ζ

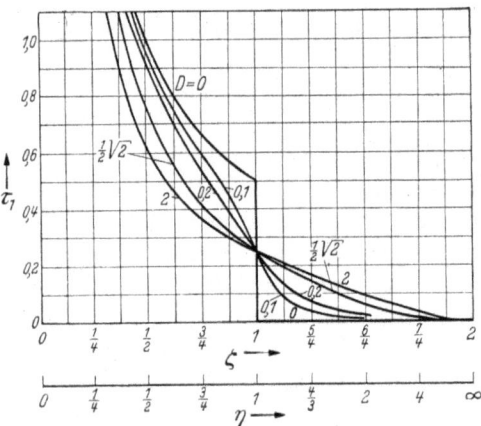

Abb. 17/1a. Relative Phasenverschiebungszeit τ_1.

horizontale Tangenten im Punkte $\eta = \infty$. Es gibt daher auch für Dämpfungswerte, wie sie mit Rücksicht auf die Forderung nach Freiheit von Amplitudenverzerrung gewählt werden müssen, große Bereiche η, in denen die Phasenverschiebungszeit wenig schwankt.

Wir erwähnten zuvor, daß die Betrachtung über die Phasenverschiebung einfacher wird, wenn wir nicht den Zusammenhang zwischen $\Re$ und $(+\mathfrak{U})$, sondern den zwischen $\Re$ und $(-\mathfrak{U})$ untersuchen. Demgemäß gingen wir vor. Wir deuten nun noch kurz an, welche Betrachtungen anzustellen wären, falls man den Zusammenhang zwischen $\Re$ und $\mathfrak{U}$ selbst, der durch $(-\mathfrak{y}_1)$ vermittelt wird, untersuchen würde.

Der zu $(-\mathfrak{y}_1)$ gehörige Phasenverschiebungswinkel ist, da $\Im\mathfrak{m}(-\mathfrak{y}_1) < 0$ ist, ein Nacheilwinkel; für ihn kommt aus (8.3a)

$$\varepsilon_1' = \operatorname{arc\,tg} \frac{|\Im\mathfrak{m}(-\mathfrak{y}_1)|}{\Re\mathfrak{e}(-\mathfrak{y}_1)} = \operatorname{arc\,tg} \frac{2D\eta}{1-\eta^2}. \tag{17.9}$$

Wie ein Vergleich mit (8.9) zeigt, ist

$$\varepsilon_1' = \varepsilon_3. \tag{17.9a}$$

Wegfühlende Geräte; Wegmesser.

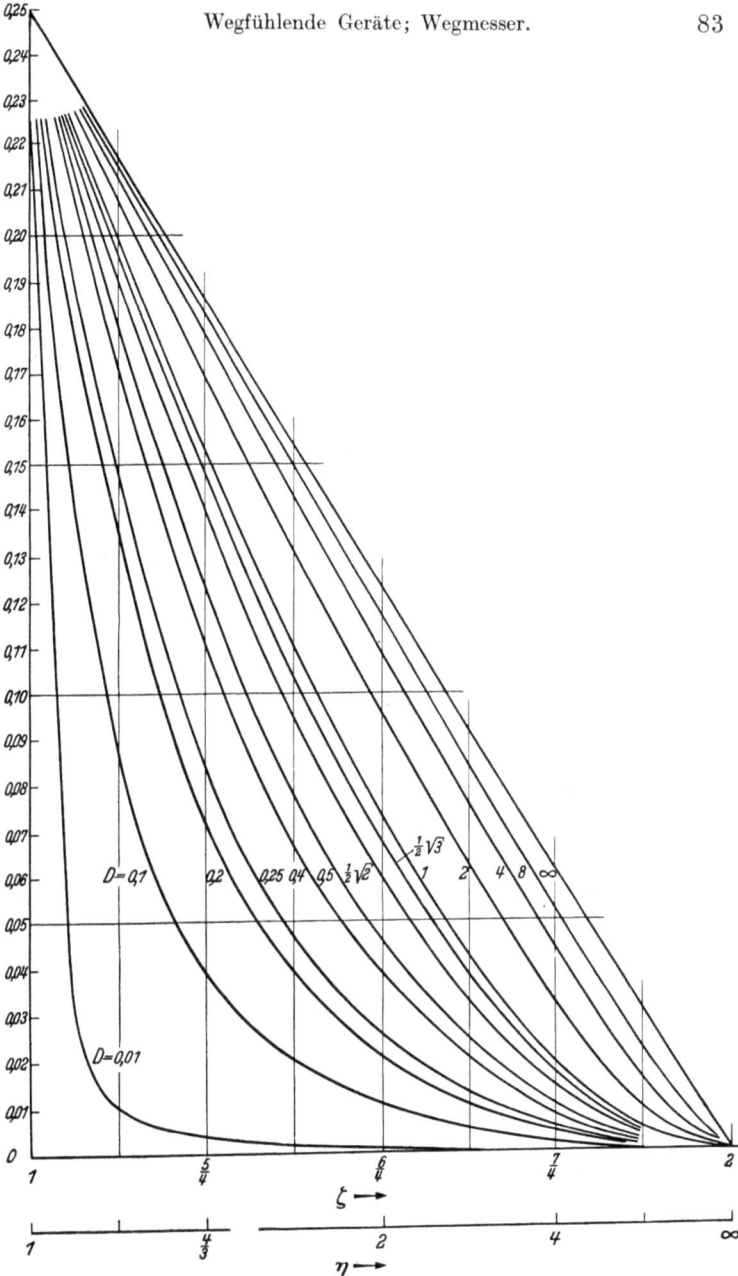

Abb. 17/1b. Rechter Teil von Abb. 17/1a in vergrößertem Maßstab.

Die zugehörige (relative) Nacheilzeit τ'_1 ist daher identisch mit der Funktion $\tau_3(\eta, D)$ aus Gl. (14.2), deren Diagramme in Abb. 14/2 dargestellt sind. Ebenso wie die Kurven V_1 müssen auch die Kurven $\tau'_1 = \tau_3$ im Gebiet großer Werte η betrachtet werden.

Die Funktion $\tau'_1(\eta, D) = \tau_3(\eta, D)$ hat nun an der Stelle $\eta = \infty$ für alle Werte des Dämpfungsmaßes D den Wert Null. Die Schwankung ist daher, solange kein Maximum der Kurve $\tau_3(\eta)$ im Intervall liegt, wegen

$$\Delta\tau = |\tau_3(\eta, D) - \tau_3(\infty, D)| = \tau_3(\eta, D)$$

gleich dem Funktionswert für den aus der Grundharmonischen gebildeten Wert η. Liegt dagegen ein Maximum $\tau_{3\,max}$ im Intervall, so wird die Schwankung $\Delta\tau$ durch dieses $\tau_{3\,max}$ bestimmt:

$$\Delta\tau = \tau_{3\,max}.$$

Von $\tau_3(\infty, D) = 0$ aus steigen die Kurven $\tau'_1 = \tau_3$ (bei Abnahme der Abszissenwerte) sehr viel steiler an, als die Kurven τ_1. Man erkennt also, daß hier scheinbar eine sehr viel stärkere Phasenverzerrung eintritt. Dieses Urteil beruht darauf, daß als Bedingung für Freiheit von Phasenverzerrung die Forderung $\tau = $ const gestellt wurde. Wir deuteten jedoch bereits in Ziff. 14 an, daß außer der bisher allein behandelten Bedingung $\tau = $ const noch eine zweite ebenfalls Freiheit von Phasenverzerrung zur Folge hat: Wenn alle Harmonischen den Phasenverschiebungswinkel π aufweisen, so wird die aufzuzeichnende Funktion einfach mit dem Faktor (-1) multipliziert, die Kurve also an der Zeitachse gespiegelt; eine eigentliche Verzerrung findet auch so nicht statt.

Die (neue) Bedingung, daß $\varepsilon'_1 = \pi$ sei für alle Ordnungen k, drückt sich nun so aus, daß $\tau'_1 = \dfrac{1}{2\eta}$ sein darf. Das heißt aber, die als Maß für die eigentliche Verzerrung dienende größte Abweichung $\Delta_1\tau$ der Phasenverschiebungszeit von einem Idealwert darf nun (für alle Werte D) von der Kurve $\tau = \dfrac{1}{2\eta}$ aus gemessen werden (vgl. Abb. 14/2):

$$\Delta_1\tau = \frac{1}{2\eta} - \tau'_1(\eta, D). \tag{17.10}$$

Diese Differenz ist aber identisch mit der Schwankung $\Delta\tau$ der Funktion $\tau_1(\eta, D)$, wie wir sie vorher fanden. Da einerseits [vgl. (17.8b)]

$$\tau_1 = \frac{1}{2\pi}\frac{\gamma_1}{\eta},$$

andererseits

$$\tau'_1 = \frac{1}{2\pi}\frac{\varepsilon'_1}{\eta} = \frac{1}{2\pi}\frac{\varepsilon_3}{\eta}$$

ist, so kommt wegen $\gamma_1 = \pi - \varepsilon_3$ schließlich

$$\Delta_1\tau = \tau_1(\eta, D), \text{ d. h. } \Delta_1\tau = \Delta\tau$$

zustande.

Wenn man statt des Zusammenhangs zwischen $\Re$ und $(-\mathfrak{U})$, der (bei geeigneter Abstimmung des Gerätes) nur eine geringe Phasenverzerrung

Ziff. 17. Wegfühlende Geräte; Wegmesser.

zur Folge hat, den zwischen $\Re$ und $(+\mathfrak{U})$ untersucht, so stellt sich also nachträglich heraus, daß die entstehende „Phasenverzerrung" derart ist, daß sie im wesentlichen eine Verschiebung aller Harmonischen um π, d. h. eine Wiedergabe des negativen Wertes bedeutet. Die eigentliche Phasenverzerrung ist aber nur genau so groß wie im ersten Falle. Beide Betrachtungen führen also zum gleichen physikalischen Ergebnis. Jene, die von vornherein den Zusammenhang zwischen $\Re$ und $(-\mathfrak{U})$ untersucht, ist jedoch die einfachere. Wir haben sie deshalb an erster Stelle behandelt.

Wir verdeutlichen die angestellten Überlegungen noch an einem Beispiel und fragen:

1. Wie groß darf die Eigenfrequenz ω eines Schwingwegmessers höchstens sein, der einen Weg $u(t)$ von der Periode $T = {}^1\!/_{10}$ sec mit nicht mehr als A) 10%, B) 7%, C) 3% Fehler in den Amplituden wiedergibt, wenn das Gerät

a) ohne Dämpfung arbeitet,

b) das Dämpfungsmaß $D = 0{,}707$,

c) das „günstigste" Dämpfungsmaß D^* aufweist?

Wie groß ist dieses günstigste Dämpfungsmaß?

2. Wie groß ist jeweils die Schwankung $\Delta \tau$ der relativen Phasenverschiebungszeit τ_1?

3. Wie muß man die Eigenfrequenz verändern, wenn außer den obigen Forderungen hinsichtlich der Amplituden noch verlangt wird, daß die Schwankung der relativen Phasenverschiebungszeit τ_1 kleiner bleibe als $0{,}15$?

Die Antworten auf die gestellten Fragen finden sich in Tabelle 17/1. Sie folgen aus den Gln. (13.1b), (13.10a), (13.11a), (13.11b) und (17.8). In der ersten Spalte sind außer den vorgegebenen Werten des Dämpfungsmaßes D auch die Werte des günstigsten Dämpfungsmaßes D^* angegeben (Frage 1). Die zweite Spalte enthält die untere Grenze des für die Frequenzverhältnisse η_k erlaubten Bereiches; aus ihr folgt (Spalte 3) der höchste zulässige Wert (Frage 1) für die Eigenfrequenz ω des Gerätes.

Die vierte Spalte enthält (Frage 2) die Schwankung der relativen Phasenverschiebungszeit τ_1. Die fünfte Spalte zeigt zur Beantwortung der Frage 3 die höher gerückte untere Grenze des erlaubten Frequenzbereiches, die sechste Spalte den daraus folgenden Wert für die Eigenfrequenz ω des Gerätes. Lücken in der Tabelle bedeuten, daß die alten Grenzen und Eigenfrequenzen erhalten bleiben dürfen.

Tabelle 17/1.

	1	2	3	4	5	6	
	D	η	$\omega = \dfrac{\Omega_1}{\eta}$	$\varDelta\tau$	η	$\omega = \dfrac{\Omega_1}{\eta}$	
a)	0	3,317	3,02 ⎱	0	—	—	
b)	$\tfrac{1}{2}\sqrt{2}$	1,437	6,96 ⎬ $\cdot \dfrac{2\pi}{\text{sec}}$	0,121	—	—	A) (10%)
c)	$D^* = 0{,}540$	0,974	10,27 ⎰	0,265	1,249	$8{,}01 \cdot \dfrac{2\pi}{\text{sec}}$	
a)	0	3,922	2,55 ⎱	0	—	—	
b)	$\tfrac{1}{2}\sqrt{2}$	1,590	6,29 ⎬ $\cdot \dfrac{2\pi}{\text{sec}}$	0,098	—	—	B) (7%)
c)	$D^* = 0{,}568$	1,062	9,42 ⎰	0,220	1,257	$7{,}96 \cdot \dfrac{2\pi}{\text{sec}}$	
a)	0	5,882	1,70 ⎱	0	—	—	
b)	$\tfrac{1}{2}\sqrt{2}$	1,996	5,01 ⎬ $\cdot \dfrac{2\pi}{\text{sec}}$	0,060	—	—	C) (3%)
c)	$D^* = 0{,}616$	1,302	7,68 ⎰	0,142	—	—	

γ) **Beispiele von Schwingwegmessern.** Wegmesser, die nach dem erwähnten Schema 16/1a arbeiten, verwendet man schon seit langer Zeit. Die ersten Geräte dieses Typs waren die Seismographen, also Geräte zur Feststellung der Erdbeben. Die Schwinger, die man in solchen Geräten verwendet, sind in der Regel nicht elastische Schwinger, sondern Pendel (die ihre Rückstellkraft vom Schwerefeld der Erde her erfahren). Da die Frequenz der Beben niedrig liegt (in der Größenordnung von Bruchteilen eines Hertz), werden für eine unverzerrte Anzeige sehr niedrige Eigenfrequenzen verlangt. Solche Eigenfrequenzen entsprechen reduzierten Pendellängen von vielen Metern. Die erforlichen niedrigen Frequenzen kann man also nicht mehr mit gewöhnlichen Pendelanordnungen erreichen, sondern man muß besondere Kunstgriffe anwenden („Labilitätspendel", „Astasierung" u. dgl.[1]). Eine Übersicht über die etwa im Laufe des letzten halben Jahrhunderts entwickelten Seismographen findet sich in dem mehrfach genannten Buch von H. Steuding[2].

---

[1] Anordnungen mit geringer Eigenfrequenz siehe z. B. auch I 32.
[2] Steuding, H.: Messung mechanischer Schwingungen. Berlin: VDI-Verlag 1928.

Ziff. 17. Wegfühlende Geräte; Wegmesser.

Von den Schwingwegmeßgeräten für technische Zwecke erwähnen wir einige wenige Beispiele. (In diesem Zusammenhange sei noch einmal ausdrücklich auf das bezüglich der Erwähnung besonderer Gerätetypen im Vorwort Gesagte hingewiesen.)
Einer der ältesten technischen Schwingwegmesser ist der Vibrograph nach J. Geiger[1] (Hersteller: Lehmann und Michels in Hamburg); Abb. 17/2 zeigt ein Schema der Anordnung. Der Schwinger hat elastische Rückstellkräfte, und zwar dient als Feder eine Schneckenfeder. Man kann das Gerät für verschiedene Bewegungsrichtungen verwenden. Seine Eigenfrequenz ändert sich mit der Bewegungsrichtung, da bei Verwendung als Horizontalschwinger die elastische Rückstellkraft durch einen vom Schwerefeld herrührenden Anteil verstärkt wird (also ein „Pendeleffekt" mit hinzukommt). Eine besondere Dämpfungsvorrichtung ist bei dem Gerät nicht vorgesehen, so daß ein gewollter Wert des Dämpfungsmaßes nicht erzielt werden kann. Die Aufzeichnung erfolgt mittels Feder und Tinte auf Papier.

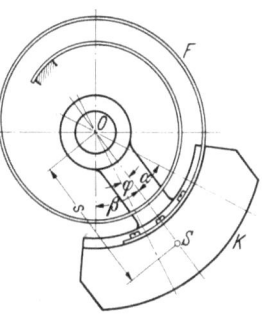

Abb. 17/2. Schema des Vibrographen von J. Geiger.

Als weiteres Beispiel eines technischen Schwingwegmessers sei etwa das Drei-Komponenten-Meßgerät der Fa. Askania-Berlin genannt[2] (Abb. 17/3). Es enthält drei Schwinger, deren Bewegungsrichtungen jeweils aufeinander senkrecht stehen. Zwei der Schwinger sind Pendel, der dritte (für die lotrechte Richtung) erhält seine Rückstellkräfte von einer Feder. Jeder der drei Schwinger ist mit einem Ölzylinder versehen, der eine (einstellbare) Dämpfungskraft liefert. Das Gerät hat eine sehr große statische Vergrößerung, kann also zur Messung kleiner Wege dienen. Die Aufzeichnung erfolgt photographisch.

Ein handliches Gerät mit bemerkenswert klarem Aufbau, das für Messung in Luftfahrzeugen entwickelt wurde, ist der sog. DVL-Kleinstschwingungsschreiber[3] (Abb. 17/4). Die Dämpfungskraft

---
[1] Geiger, J.: Messung mechanischer Schwingungen S. 219. Berlin 1927.
[2] Askania-Druckschrift Schwing 102.
[3] Siehe z. B. H. Freise: Z. VDI Bd. 84 (1940) S. 599 oder Druckschrift der DVL: Kleinstschwingungsschreiber.

wird durch eine Wirbelstrombremse erzeugt. Die Eigenfrequenz des Gerätes liegt recht niedrig (zwischen 1 Hz und 2 Hz). Da an

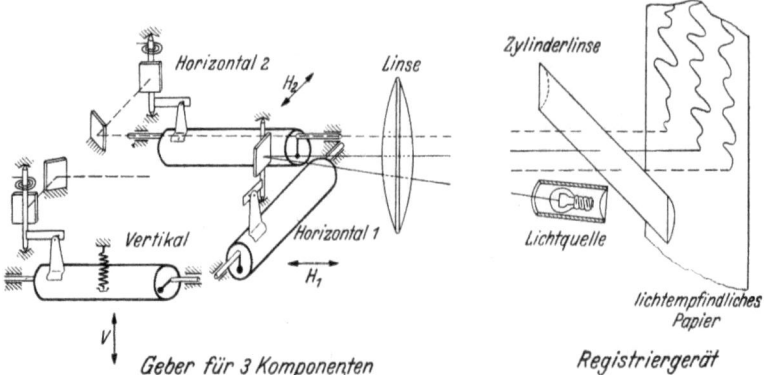

Abb. 17/3. Schematische Anordnung des Dreikomponenten-Erschütterungsmessers (Askania).

die Aufzeichnung großer Wege gedacht ist, liegt die statische Vergrößerung ξ_0 unter eins, d. h. das Gerät übersetzt ins Kleine. Die Aufzeichnung geschieht durch Ritzen in Zelluloid oder Wachspapier.

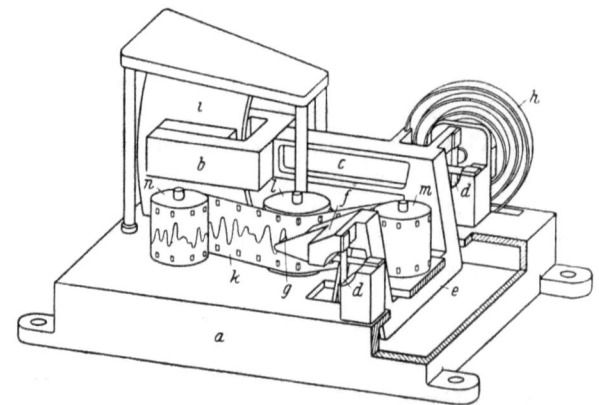

Abb. 17/4. Schematische Anordnung des DVL-Kleinst-Schwingwegschreibers.

Ein Gerät, das zur Messung von Schwingungen sehr großer Weite, wie sie z. B. bei den Tauchschwingungen eines Schiffes auftreten, dienen kann, ist von O. Müller[1] entwickelt worden.

---

[1] Müller, O.: Forsch. Ing.-Wes. Bd. 6 (1935) S. 234.

Ziff. 17.   Wegfühlende Geräte; Wegmesser.   89

Ein Beispiel für einen Schwingwegmesser, bei dem nicht mechanisch registriert, sondern die induktive Beeinflussung einer Trägerschwingung benutzt wird, beschreibt E. Sieber[1].
Die bisher genannten Geräte dienten zur Messung von Längenwegen. Ein Beispiel eines Gerätes zur Messung von Winkelwegen ist der Geigersche Torsiograph[2] (Hersteller: Lehmann und Michels, Hamburg). Eine schematische Skizze der Anordnung zeigt Abb. 17/5. Geschrieben wird dabei mit Tinte auf Papier. Beim DVL-Torsiographen werden die relativen Winkelwege durch Ritzen in Zelluloid aufgezeichnet[3].

Schwingwegmesser für Längenwege und Winkelwege gibt es in sehr großer Zahl, genannt sind hier nur wenige Beispiele. Die in den Teilen α) und β) dieser Ziffer erörterten Eigenschaften sind allen Geräten gemeinsam. Die Unterschiede bestehen vor allem in den Verfahren, die

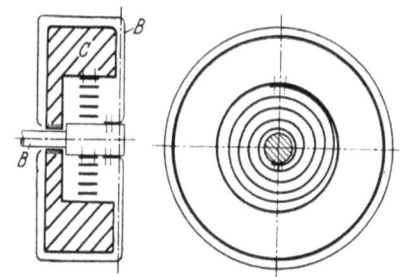

Abb. 17/5. Schema des Torsiographen von J. Geiger.

einerseits zur Wegfühlung, andererseits zur Registrierung benutzt werden, und in der konstruktiven Ausgestaltung; daher rührt dann die bessere oder schlechtere Eignung für einen bestimmten Zweck. Überaus groß ist auch die Zahl der Namen, die den Geräten beigelegt worden sind (Vibrograph, Pallograph, Torsiograph usw.). In jedem Fall handelte es sich jedoch bei den bisher besprochenen Geräten um federgefesselte, wegfühlende Geräte niedriger Eigenfrequenz.

Zwei Geräte, die eine Sonderstellung einnehmen, behandeln wir im folgenden; das eine ist hoch, das andere auf eine Frequenz in der Einwirkung abgestimmt.

δ) **Dehnungsmessung.** Dehnungsmesser (auch Spannungsmesser genannt) sind Geräte, die die gegenseitige Verschiebung

---
[1] ATM V 171—2.
[2] Geiger, J.: Messung mechanischer Schwingungen S. 213ff. Berlin 1927.
[3] Stieglitz, A.: Z. Flugtechn. Bd. 22 (1931) S. 49 und DVL-Jahrbuch 1931 S. 358.

zweier Punkte eines elastischen Körpers messen sollen. Dehnungsmessungen sind daher Wegmessungen. Wie man solche Dehnungsmessungen üblicherweise ausführt, wenn der eine Endpunkt der Meßstrecke als Festpunkt betrachtet werden kann, wird in Ziff. 21 erörtert werden. Hier beschäftigen wir uns noch mit dem selteneren Fall, daß ein Festpunkt, gegen den die Bewegung gemessen werden könnte, nicht zur Verfügung steht.

Grundsätzlich könnte man so vorgehen, daß man mittels zweier Wegmesser der in α) beschriebenen Art aus zwei Anzeigen $r_1 = q_1 - u_1$ und $r_2 = q_2 - u_2$ auf die Bewegungen u_1 und u_2 der beiden Endpunkte der Meßstrecke nach (17.4) schließt:

$$\Re_1 = -\mathfrak{U}_1 \mathfrak{y}_1^{(1)} \quad \text{und} \quad \Re_2 = -\mathfrak{U}_2 \mathfrak{y}_1^{(2)} \quad (17.11)$$

Abb. 17/6. Schema eines Dehnungsmessers mit zwei Schwingern.

(vgl. Abb. 17/6). Für die Zwecke einer Dehnungsmessung ist jedoch nicht erforderlich, daß u_1 und u_2 einzeln bekannt sind, es genügt vielmehr, ihre Differenz $(u_2 - u_1)$ zu kennen. Deshalb läßt sich das Meßverfahren noch vereinfachen, indem nicht zwei Anzeigen r_1 und r_2 hergestellt werden, sondern nur eine, nämlich $(q_2 - q_1)$, die aber als Differenz ebenfalls ohne Benutzung eines festen Bezugssystems gewonnen werden kann.

Die Bewegungsgleichungen der in Abb. 17/6 auftretenden beiden Schwinger lauten nämlich (wenn wir Dämpfungen außer acht lassen)

$$\left. \begin{aligned} \ddot{q}_1 + \omega_1^2 q_1 &= \omega_1^2 u_1 \\ \ddot{q}_2 + \omega_2^2 q_2 &= \omega_2^2 u_2 \end{aligned} \right\}. \quad (17.12)$$

Für harmonische Anregungen $u_1 = \mathfrak{U}_1 e^{i\Omega t}$ und $u_2 = \mathfrak{U}_2 e^{i\Omega t}$ folgt
$$\mathfrak{Q}_1 = \mathfrak{U}_1 \mathfrak{y}_3^{(1)}, \quad \mathfrak{Q}_2 = \mathfrak{U}_2 \mathfrak{y}_3^{(2)}$$
und damit
$$\mathfrak{Q}_2 - \mathfrak{Q}_1 = \mathfrak{U}_2 \mathfrak{y}_3^{(2)} - \mathfrak{U}_1 \mathfrak{y}_3^{(1)}.$$

Man ersieht hieraus, daß mit Teilgeräten ungleicher Eigenfrequenz aus der angezeigten Differenz $(Q_2 - Q_1)$ auch schon bei rein harmonischer Anregung nicht ohne weiteres auf die gesuchte Differenz $(U_2 - U_1)$ geschlossen werden kann. Sind aber beide

Ziff. 17.   Wegfühlende Geräte; Wegmesser.   91

Teilgeräte hoch abgestimmt, so ist angenähert auch im unsymmetrischen Fall für jede Harmonische die Differenz $(Q_2 - Q_1)$ gleich der Differenz $(U_2 - U_1)$.

Die Betrachtungen wurden bisher unter der Voraussetzung angestellt, daß Längenwege bzw. Dehnungen zu messen seien. Selbstverständlich lassen sich alle Betrachtungen auch auf den Fall übertragen, in dem Winkelwege bzw. Gleitungen zu messen sind.

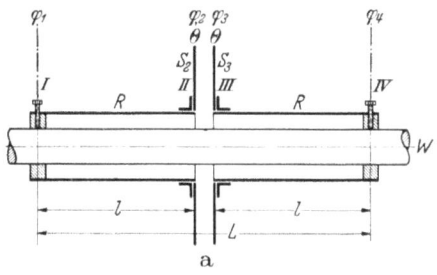

Abb. 17/7. Föttingerscher Torsionsindikator.

Man braucht nur die benutzten Buchstaben u, q usw. geeignet zu deuten. Ein der Abb. 17/6 entsprechendes Gerät, das Winkelwege mißt, ist der Föttingersche Torsionsindikator[1] (Abb. 17/7).

ε) „Resonanz-Schwingungsmesser." Bei allen bisher genannten Geräten haben wir darauf geachtet, daß sie — innerhalb gewisser Grenzen für die Frequenzen der in der Einwirkung $u(t)$ steckenden Harmonischen — ohne „Amplitudenverzerrung" arbeiten, d. h. daß die Amplituden der einzelnen Harmonischen des angezeigten Weges (r) gegenüber denen des einwirkenden Weges (u) sämtlich mit dem gleichen Faktor multipliziert erscheinen (der hier zudem den Wert Eins hat). Zur Erzielung einer besonders großen Empfindlichkeit [vgl. (17.6)] wäre die Benutzung eines besonders großen Wertes der Vergrößerungsfunktion erwünscht[2]. Solche großen Werte gibt es (falls die Dämpfung genügend klein ist) in der Nähe der Stelle $\eta = 1$ (Resonanzstelle). Will man diese großen Werte der Vergrößerungsfunktion ausnutzen, so muß man die Eigenfrequenz ω des Gerätes jeweils auf eine der Erregerfrequenzen abstimmen.

Ein Gerät mit einer solchen veränderlichen Eigenfrequenz stellt der sog. Resonanzschwingungsmesser von V. Blaeß[3] dar.

---
[1] Föttinger, H.: Diss. T. H. München 1904; VDI-Forsch.-Hefte 25 (1905); Jb. schiffbautechn. Ges. Bd. 4 (1903) S. 441; Bd. 6 (1905) S. 135.
[2] Vgl. die Erörterungen über die Kraftmesser in Ziff. 12.
[3] Siehe A. Weiler: Ein Beitrag zur kritischen Betrachtung der Schwingungsmeßgeräte für den Maschinenbau S. 54ff. Diss. Darmstadt 1939.

Das Gerät enthält als Schwinger eine querschwingende Blattfeder, deren Eigenfrequenz (durch Veränderung der Einspannlänge) kontinuierlich geändert werden kann. Der Vergrößerungsfaktor beträgt etwa 100. Mit einem derartigen, auf die Frequenz einer Harmonischen einstellbaren Gerät, kann jeweils eine der in der Einwirkung enthaltenen Harmonischen herausgehoben, „herausgesiebt" werden, indem sie in der Anzeige stark vergrößert auftritt, während die übrigen Harmonischen unterdrückt werden. Durch Veränderung der Eigenfrequenz kann man so jede einzelne Harmonische aufsuchen und ihre Amplitude bestimmen. Die Phasenlage der Harmonischen und damit die Kurvenform der Einwirkung läßt sich mit einem solchen Gerät allerdings nicht erfassen. Für viele maschinentechnische Zwecke ist diese Kenntnis jedoch auch ohne Belang.

18. Wegfühlende Geräte; Beschleunigungsmesser. Mit einem wegfühlenden Gerät, wie es in Abb. 16/1a schematisch angegeben ist, lassen sich aber nicht nur Schwingungsausschläge, sondern auch Schwingungsbeschleunigungen messen. Wir erkennen das aus der Betrachtung der Lösung der Bewegungsgleichung, wenn wir sie nur in etwas anderer Weise behandeln. Als Lösung der Differentialgleichung (17.2) fanden wir (17.4). Wir können sie wegen Gl. (8.3) umformen in:

$$\mathfrak{R} = \mathfrak{U}\,\eta^2\,\mathfrak{y}_3 = \mathfrak{U}\frac{\Omega^2}{\omega^2}\mathfrak{y}_3 \qquad (18.1)$$

oder, wenn wir unter $\mathfrak{B}$ die komplexe Amplitude der erregenden Beschleunigung $\ddot{u}$,

$$\mathfrak{B} = -\Omega^2\mathfrak{U},$$

verstehen,

$$\mathfrak{R} = -\frac{\mathfrak{B}}{\omega^2}\mathfrak{y}_3. \qquad (18.2)$$

Gleichwertig mit (18.2) sind dann zwei reelle Aussagen. Die erste betrifft die Amplituden und lautet

$$R = \frac{B}{\omega^2}V_3. \qquad (18.2\text{a})$$

Hinsichtlich des Phasenverschiebungswinkels kommt es darauf an, ob der Zusammenhang zwischen $\mathfrak{R}$ und $(+\mathfrak{B})$ oder $\mathfrak{R}$ und $(-\mathfrak{B})$ dargestellt werden soll. Wir entscheiden uns — aus denselben Gründen wie in Ziff. 17 — für die Darstellung des Zusammenhangs

Ziff. 18.   Wegfühlende Geräte; Beschleunigungsmesser.   93

zwischen $\mathfrak{R}$ und $(-\mathfrak{B})$. Er wird durch $\mathfrak{h}_3$ selber vermittelt. Zu $\mathfrak{h}_3$ gehört als Phasenverschiebungswinkel der Nacheilwinkel ε_3 nach Gl. (8.9).

Die Forderung, daß die Anzeige des Gerätes möglichst verzerrungsfrei die negative Beschleunigung der einwirkenden Bewegung wiedergebe, läßt sich nun in genau derselben Weise diskutieren, wie wir dies in Ziff. 13 und 14 für die Kraftmesser im Anschluß an die der Gl. (18.2) entsprechende Gl. (12.2) durchführten: Das Gerät muß hoch abgestimmt sein und eine geeignete Dämpfung besitzen.

Die Empfindlichkeit des Beschleunigungsmessers wird definiert durch den Quotienten $\frac{Z}{B}$; er ist nach (11.1) und (18.2a)

$$\frac{Z}{B} = \frac{Z}{R}\frac{R}{B} = \xi_0 \frac{1}{\omega^2} V_3 . \qquad (18.3)$$

Die Analogie zwischen Beschleunigungsmesser und Kraftmesser wird besonders deutlich, wenn man statt (18.2) schreibt

$$\mathfrak{R} = -\frac{a}{c}\mathfrak{B}\,\mathfrak{h}_3 ; \qquad (18.4)$$

man sieht dann, daß der Beschleunigungsmesser auch betrachtet werden kann als Kraftmesser für die an der Masse a angreifende Trägheitskraft $\mathfrak{P} = -a\mathfrak{B} = a\Omega^2\mathfrak{U}$. Man hat dann die der Gl. (12.2) entsprechende Gleichung

$$\mathfrak{R} = \frac{1}{c}\mathfrak{P}\,\mathfrak{h}_3$$

vor sich; man vergesse jedoch nicht, daß hier der Relativausschlag r, beim Kraftmesser dagegen der Absolutausschlag q angezeigt wird.

Auch die übrigen aus der Forderung nach hoher Abstimmung sich ergebenden Gesichtspunkte sind für die Beschleunigungsmesser die gleichen wie für die Kraftmesser: Je besser das Gerät seine Abstimmbedingung erfüllt, um so unempfindlicher ist es. Daraus folgt erstens, daß man die Abstimmbedingung nicht unnötig überschreiten wird, zweitens zeigt sich darin aber auch die charakteristische Schwierigkeit aller hoch abgestimmten Geräte, also auch aller Beschleunigungsmesser: Man braucht für Geräte, die verzerrungsfrei arbeiten und trotzdem eine genügende Empfindlichkeit besitzen sollen, große Übersetzungen ξ_0, d. h. sehr empfindliche Verfahren der Wegmessung. Für hohe Ansprüche scheiden mechanische Anzeigeverfahren in der Regel aus. Von den elektrischen sind es (neben den Trägerfrequenzverfahren[1]) vor allem zwei, die bei (federgefesselten) Beschleunigungsmessern bevorzugt werden: das Kohledruckverfahren und das piezoelektrische Verfahren (vgl. Ziff. 2).

Da die meisten der gebräuchlichen Beschleunigungsmesser nach einem dieser beiden Verfahren zur Wegmessung arbeiten, sei noch ganz kurz auf deren eigentümliche Vor- und Nachteile hingewiesen. Das piezoelektrische Verfahren gestattet bei Benutzung von Verstärkern trotz sehr hoher Eigenfrequenzen noch einwandfreie Messungen des Weges. Wegen des hohen Widerstandes des elektrischen Meßkreises ist dieser gegen Kapazitätsschwankungen allerdings sehr empfindlich. Überdies ist der apparative Aufwand wegen der Verstärkung beträchtlich, so daß sich das Verfahren wenig zur Anwendung in Fahrzeugen, insbesondere in Luftfahrzeugen eignet. Wegen des sehr viel geringeren apparativen Aufwandes wird für diese Zwecke das Kohledruckverfahren[2,3]

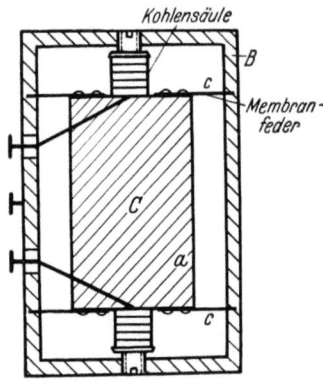

Abb. 18/1. Schema eines Kohledruckbeschleunigungsmessers (Askania).

vorgezogen. Sein Nachteil liegt an einer anderen Stelle: Der Nullpunkt wandert oft um beträchtliche Bruchteile der Meßgröße. Das Schema eines Kohledruckgerätes zeigt Abb. 18/1.

19. Geschwindigkeitsfühlende Geräte. α) Geschwindigkeitsmesser. Wegmesser (Ausschlagmesser) sowohl wie Beschleunigungsmesser waren wegfühlende Geräte; in jedem der beiden Fälle wurde ein Weg r angezeigt und aus ihm auf den Verlauf des Weges u oder der Beschleunigung $\ddot{u}$ der Einwirkung geschlossen. Die Registrierung der Relativbewegung kann aber auch so vorgenommen

---

[1] Siehe z. B. F. J. Meister: Akust. Z. Bd. 3 (1938) S. 271 und Z. Geophys. Bd. 16 (1940) S. 105.
[2] Askania-Druckschrift Schwing 102 und Schwing 106.
[3] Über ein von der Fa. Siemens & Halske gebautes Gerät vgl. P. M. Pflier: Elektrische Messung mechanischer Größen S. 151. Berlin 1940.

Ziff. 19. Geschwindigkeitsfühlende Geräte.

werden, daß nicht r selber, sondern die erste Ableitung $\dot r$ zur Anzeige ausgenutzt wird. Geräte, die das tun, sind z. B. nach dem Schema der Abb. 16/1 b aufgebaut: Eine Tauchspule bewegt sich im Ringspalt eines Magneten. Die in der Spule induzierte Spannung e ist der Geschwindigkeit $\dot r$ proportional. Nennen wir den schließlich erzielten, der induzierten Spannung proportionalen Ausschlag (z. B. am Oszillographen) $z(t)$, so ist

$$z(t) = \xi_1 \dot r(t), \qquad (19.1)$$

wobei ξ_1 der Abbildungsmaßstab (eine verallgemeinerte „Übersetzung", vgl. Ziff. 11) ist.

Wir fragen uns nun, welche Ableitung der einwirkenden Bewegung u mit einem geschwindigkeitsfühlenden Gerät gemessen werden kann. Die Differentialgleichung der Bewegung der Masse a im Gerät ist nach wie vor die Gl. (17.2) mit der Lösung (17.4).

Für den Zusammenhang zwischen der komplexen Amplitude $\mathfrak{V}_r = i\Omega\mathfrak{R}$ der (gefühlten) Relativgeschwindigkeit $\dot r$ und der komplexen Amplitude $\mathfrak{V}_u = i\Omega\mathfrak{U}$ der Fußpunktgeschwindigkeit $\dot u$ erhalten wir daher

$$\mathfrak{V}_r = -\mathfrak{h}_1 \mathfrak{V}_u. \qquad (19.2)$$

Da wegen (19.1)

$$\mathfrak{Z}_{\dot r} = \xi_1 \mathfrak{V}_r \qquad (19.3)$$

geschrieben werden kann, kommt aus (19.2)

$$\mathfrak{Z}_{\dot r} = -\xi_1 \mathfrak{h}_1 \mathfrak{V}_u. \qquad (19.4)$$

Die Aussage ist (vgl. Ziff. 8, δ) gleichwertig zwei reellen Aussagen, der für die (reelle) Amplitude $Z_{\dot r}$ der Anzeige,

$$Z_{\dot r} = \xi_1 V_u V_1, \qquad (19.4\mathrm{a})$$

und der für den Phasenverschiebungswinkel zwischen $\mathfrak{Z}_{\dot r}$ und $(-\mathfrak{V}_u)$; dieser wird durch $(+\mathfrak{h}_1)$ bestimmt, ist also der Voreilwinkel γ_1 nach Gl. (8.18).

Ein Meßgerät, das nicht unmittelbar die Ausschläge der Relativbewegung anzeigt, sondern über die Gl. (19.1) deren erste Ableitungen, gestattet also, die negative Geschwindigkeit $(-\dot u)$ der Fußpunktsbewegung zu messen. Damit die Anzeige den Verlauf dieser Größe unverzerrt wiedergibt, sind, wie der Vergleich von (19.4) mit (17.4) zeigt, dieselben Bedingungen einzuhalten, wie sie sich für die unverzerrte Wiedergabe des (negativen) Weges ($-u$) mit Hilfe eines wegfühlenden Gerätes ergaben: niedrige Eigenfrequenz des Gerätes (d. h. hohe Werte η) und geeignete Dämpfung.

Die Empfindlichkeit des Geschwindigkeitsmessers wird durch den Quotienten $\frac{Z_{\dot{r}}}{V_u}$ definiert; er ist nach (19.4a) gleich

$$\frac{Z_{\dot{r}}}{V_u} = \xi_1 V_1.$$

β) Ruckmesser. Ebenso, wie ein wegfühlendes Gerät, wenn es hoch abgestimmt wird, statt des (negativen) Weges ($-u$) die (negative) Beschleunigung ($-\ddot{u}$) mißt, gibt ein geschwindigkeitsfühlendes Gerät, wenn es hoch abgestimmt ist, die um zwei Ordnungen höhere Ableitung wieder als das niedrig abgestimmte: Es mißt den (negativen) Ruck ($-\dddot{u}$).

Mit
$$\mathfrak{W} = i^3 \Omega^3 \mathfrak{U} = -\Omega^2 \mathfrak{V}_u \qquad (19.5)$$

kommt aus (19.2) unter Beachtung von (8.3)

oder
$$\mathfrak{V}_r = -\frac{1}{\omega^2} \mathfrak{W} \mathfrak{y}_3 \qquad (19.6)$$

$$\mathfrak{Z}_{\dot{r}} = -\xi_1 \frac{\mathfrak{W}}{\omega^2} \mathfrak{y}_3 \qquad (19.7)$$

mit der Aussage
$$Z_{\dot{r}} = \xi_1 \frac{W}{\omega^2} V_3 \qquad (19.7a)$$

für die (reelle) Amplitude $Z_{\dot{r}}$ der Anzeige und (8.9) für den Phasenverschiebungswinkel (Nacheilwinkel) ε_3. Die Bedingungen für verzerrungsfreie Wiedergabe des negativen Ruckes durch ein geschwindigkeitsfühlendes Gerät lauten daher, wie ein Vergleich von (19.7) mit (18.2) zeigt, ebenso wie die für die Wiedergabe der negativen Beschleunigung durch ein wegfühlendes: Hohe Eigenfrequenz und geeignete Dämpfung des Gerätes.

Die Empfindlichkeit des Ruckmessers wird durch den Quotienten $\frac{Z_{\dot{r}}}{W}$ definiert; nach (19.7a) kommt also

$$\frac{Z_{\dot{r}}}{W} = \xi_1 \frac{1}{\omega^2} V_3.$$

γ) Abgrenzung der Anwendungsmöglichkeiten. Wir müssen wohl im Auge behalten, daß federgefesselte Geräte, die

Ziff. 19. Geschwindigkeitsfühlende Geräte.

die Geschwindigkeit fühlen, die also nach dem Schema der Abb. 16/1 b aufgebaut sind, je nachdem, ob sie niedrige oder hohe Eigenfrequenzen aufweisen, entweder die (negative) Geschwindigkeit $(-\dot{u})$ oder den (negativen) Ruck $(-\dddot{u})$ der einwirkenden Bewegung $u(t)$ messen, aber weder den Weg u selber, noch seine Beschleunigung $\ddot{u}$ messen können. Es stellt deshalb eine durchaus irreführende Bezeichnung dar, wenn Hersteller ihren Geräten, die nach dem Schema der Abb. 16/1 b arbeiten, die Bezeichnung „Beschleunigungsmesser" beilegen.

Wir können uns diesen Sachverhalt noch besonders deutlich machen, indem wir die Beziehung aufstellen, die zwischen der Anzeige $z(t) = \xi_1 \dot{r}(t)$ und der Beschleunigung $\ddot{u}$ besteht.

Aus (19.4) folgt mit $\mathfrak{B}_u = \dfrac{1}{i\Omega}\mathfrak{B}$ die Beziehung

$$\mathfrak{Z}_{\dot{r}} = -\xi_1 \frac{\mathfrak{y}_1}{i\Omega}\mathfrak{B} = -\xi_1 \frac{\mathfrak{B}}{2\delta}\mathfrak{y}_2. \tag{19.8}$$

[Vgl. hierzu Gl. (8.3), a und b.] Die zugehörige Vergrößerungsfunktion wäre hier

$$|\mathfrak{y}_2| = V_2 = \frac{2D\eta}{\sqrt{(1-\eta^2)^2 + 4D^2\eta^2}}. \tag{19.8a}$$

Sie geht sowohl für große wie für kleine Werte η nach Null. Dazwischen hat sie ein Maximum (vom Betrage Eins); dies tritt jedoch gerade bei $\eta = 1$ ein, und zwar bei jedem beliebigen Wert des Parameters D. Durch die Anzeige eines geschwindigkeitsfühlenden federgefesselten Bewegungsmessers kann also die Beschleunigung nur im Falle einer rein harmonischen Einwirkung unverzerrt wiedergegeben werden.

In diesem Zusammenhang sei auch nochmals betont, daß andererseits federgefesselte Geräte, die

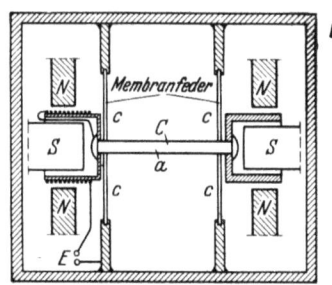

Abb. 19/1. Aufbau des „Erschütterungsaufnehmers" (Philips).

den Weg fühlen (vgl. Ziff. 17 und 18) je nach der Abstimmung entweder den Weg oder die Beschleunigung messen, niemals aber die Geschwindigkeit oder den Ruck messen können.

δ) Beispiele. Wir nennen zum Schluß noch Beispiele von marktgängigen geschwindigkeitsfühlenden Geräten: 1. das Gerät von Reutlinger-Heymann[1], 2. den „Erschütterungsaufnehmer" der Fa. Philips[2]. Ein Schema des Aufbaus dieses zweiten (tief abgestimmten) Gerätes zeigt Abb. 19/1. Es besitzt als Dämpfungsanordnung eine Wirbelstrombremse (in der Abbildung rechts). Ein drittes Gerät ist von E. Meyer und W. Böhm[3] beschrieben worden.

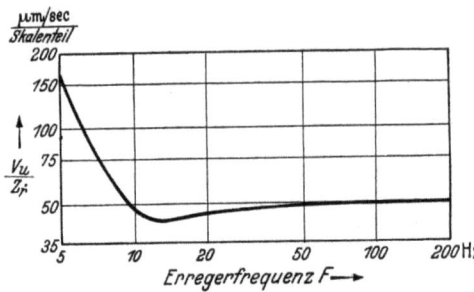

Abb. 19/2. Eichkurve des Geschwindigkeitsmessers (Philips).

In Abb. 19/2 zeigen wir als Beispiel noch eine „Eichkurve", und zwar jene, die vom Herstellerwerk dem Gerät nach Abb. 19/1 mitgegeben wird. Man erkennt, daß es sich (in logarithmischer Auftragung) um die Größe $\frac{V_u}{Z_{i}} = \frac{1}{\xi_1 V_1}$, also [vgl. (19.4a)] um den Kehrwert der Empfindlichkeit handelt, wobei die Vergrößerungsfunktion V_1 zum Dämpfungsmaß $D = 0{,}51$ gehört.

b) Reibungsgefesselte Geräte.

20. Die reibungsgefesselten, weg- und geschwindigkeitsfühlenden Geräte. In Ziff. 16 war gezeigt worden, wie die Masse a (Punkt C) in einem Gerät an das Gehäuse gefesselt sein kann: In der Regel bedient man sich der Fesselung durch Federn. Von den federgefesselten Geräten haben wir in den vorangegangenen Ziffern (Ziff. 17 bis 19) gesprochen. Für manche Zwecke erweist sich nun eine Kraftübertragung, die Federn vermeidet, als vorteilhaft. Die nächstliegende Anordnung ist die, die Kraftübertragung zwischen Gehäuse (Punkt B) und Masse (Punkt C) durch eine zähe Flüssigkeit vorzunehmen. Im einfachsten Falle erhält man dann als Schemata der Geräte wieder die Abb. 16/1, in denen jetzt aber die Federn c fehlen. Der Untersuchung der Eigenschaf-

---

[1] Reutlinger, G.: Z. techn. Phys. Bd. 16 (1935) S. 601.
[2] Druckschrift: Philips Dynamischer Erschütterungsaufnehmer GM 5520 — GM 5521.
[3] Meyer, E., u. W. Böhm: Elektr. Nachr.-Techn. Bd. 12 (1935) S. 404.

Ziff. 20. Die reibungsgefesselten Geräte.

ten dieser „reibungsgefesselten" Geräte wollen wir uns in dieser Ziffer zuwenden.

Die Bewegungsgleichung entsteht aus der Gl. (17.2), wenn darin $c \to 0$ geht; sie lautet daher

$$a\ddot{r} + b\dot{r} = -a\ddot{u}. \qquad (20.1)$$

Als Sonderfall von Gl. (17.2) läßt sie sich jedoch nicht gut weiter behandeln, denn die bei der Integration dieser Differentialgleichung eingeführten Parameter D und η nehmen für $c = 0$ beide den Wert ∞ an. Es ist deshalb zweckmäßig, die Gl. (20.1) unmittelbar zu integrieren.

Bei harmonischer Einwirkung $\mathfrak{u} = \mathfrak{U} e^{i\Omega t}$ folgt mit dem Ansatz $\mathfrak{r} = \mathfrak{R} e^{i\Omega t}$ aus Gl. (20.1)

$$\mathfrak{R} = \frac{a\Omega^2}{-a\Omega^2 + ib\Omega} \mathfrak{U} \qquad (20.2)$$

als Beziehung zwischen der komplexen Amplitude des gefühlten Weges, $\mathfrak{R}$, und der des einwirkenden Weges, $\mathfrak{U}$.

Handelt es sich nicht um ein wegfühlendes Gerät, wird vielmehr die Geschwindigkeit $\dot{r}$ gefühlt, so kommt aus (20.2) mit

$$\mathfrak{Z}_{\dot{r}} = \xi_1 i \Omega \mathfrak{R} \quad \text{und} \quad \mathfrak{B} = -\Omega^2 \mathfrak{U}$$

folgende Beziehung zwischen Anzeige und einwirkender Beschleunigung zustande:

$$\mathfrak{Z}_{\dot{r}} = -\xi_1 \frac{ia\Omega}{-a\Omega^2 + ib\Omega} \mathfrak{B}$$

oder, wenn man den Quotienten auf der rechten Seite dieser Gleichung mit $2\delta = \dfrac{b}{a}$ erweitert,

$$\mathfrak{Z}_{\dot{r}} = \frac{ib\Omega}{-a\Omega^2 + ib\Omega} \left(-\xi_1 \frac{\mathfrak{B}}{2\delta} \right). \qquad (20.3)$$

Bezeichnen wir die Grenzwerte, denen die komplexen Einflußzahlen $\mathfrak{h}_1$ und $\mathfrak{h}_2$ nach der ersten Form der Gln. (8.3a) und (8.3b) für $c \to 0$ zustreben, mit $\hat{\mathfrak{h}}_1$ und $\hat{\mathfrak{h}}_2$, so können wir für die Gln. (20.2) und (20.3) schreiben:

$$\mathfrak{R} = \hat{\mathfrak{h}}_1(-\mathfrak{U}), \qquad (20.4\text{a})$$

$$\mathfrak{Z}_{\dot{r}} = \hat{\mathfrak{h}}_2 \left(-\xi_1 \frac{\mathfrak{B}}{2\delta} \right); \qquad (20.4\text{b})$$

IV. Kraftmessung und Bewegungsmessung.

dabei ist also
$$\hat{\mathfrak{y}}_1 = \lim_{c \to 0} \mathfrak{y}_1 = \frac{-a\Omega^2}{-a\Omega^2 + ib\Omega}, \qquad (20.5\text{a})$$

$$\hat{\mathfrak{y}}_2 = \lim_{c \to 0} \mathfrak{y}_2 = \frac{ib\Omega}{-a\Omega^2 + ib\Omega}. \qquad (20.5\text{b})$$

Unter Einführung einer dem Frequenzverhältnis $\eta = \dfrac{\Omega}{\omega}$ analogen Größe

$$\hat{\eta} = \frac{\Omega}{2\delta} = \frac{a\Omega}{b} \qquad (20.6)$$

gehen (20.5a) und (20.5b) über in

$$\hat{\mathfrak{y}}_1 = \frac{\hat{\eta}}{\hat{\eta} - i} = \hat{\eta}\,\frac{\hat{\eta} + i}{\hat{\eta}^2 + 1}, \qquad (20.7\text{a})$$

$$\hat{\mathfrak{y}}_2 = \frac{1}{1 + \hat{\eta}\,i} = \frac{1 - \hat{\eta}\,i}{\hat{\eta}^2 + 1}. \qquad (20.7\text{b})$$

Nennen wir die Beträge der komplexen Größen $\hat{\mathfrak{y}}_k$ jetzt $\hat{V}_k$ (Vergrößerungsfunktion), also

$$\hat{V}_1 = \frac{\hat{\eta}}{\sqrt{1 + \hat{\eta}^2}}, \qquad (20.8\text{a})$$

$$\hat{V}_2 = \frac{1}{\sqrt{1 + \hat{\eta}^2}}, \qquad (20.8\text{b})$$

so erhalten wir für die reellen Amplituden die Beziehungen:

$$R = U\hat{V}_1, \qquad (20.9\text{a})$$

$$Z_i = \left(\xi_1 \frac{B}{2\delta}\right) \hat{V}_2. \qquad (20.9\text{b})$$

Die beiden Funktionen $\hat{V}_1$ und $\hat{V}_2$ sind durch die Beziehungen

$$\hat{V}_2 = \frac{1}{\hat{\eta}} \hat{V}_1 \qquad (20.10\text{a})$$

und

$$\hat{V}_1\!\left(\frac{1}{\hat{\eta}}\right) = \hat{V}_2(\hat{\eta}) \quad \text{oder umgekehrt} \quad \hat{V}_2\!\left(\frac{1}{\hat{\eta}}\right) = \hat{V}_1(\hat{\eta}) \qquad (20.10\text{b})$$

miteinander verknüpft. Ihre Abhängigkeit von $\hat{\eta}$ zeigt Abb. 20/1. Beide Funktionen lassen sich, ähnlich wie früher V_1 und V_3, in einem und demselben Diagramm darstellen, wenn dabei als Abszisse eine Größe $\hat{\zeta}$ verwendet wird, die mit $\hat{\eta}$ ebenso zusammenhängt, wie ζ mit η in Gl. (8.10). Man erkennt, daß ein Bereich $\hat{\eta}$,

Ziff. 20. Die reibungsgefesselten Geräte. 101

in dem $\hat{V}_1$ stationär ist (ohne Null zu sein), bei großen Werten $\hat{\eta}$, ein Bereich, in dem $\hat{V}_2$ stationär ist (ohne Null zu sein), bei kleinen Werten $\hat{\eta}$ liegt. Aus den Gln. (20.4a) und (20.4b) können wir demnach folgendes ablesen: Es läßt sich ein reibungsgefesselter, **wegfühlender Wegmesser** bauen, dessen Anzeige frei ist von Amplitudenverzerrung, wenn die das Gerät kennzeichnende Größe (Nenner von $\hat{\eta}$)

$$2\delta = \frac{b}{a}$$ klein ist gegen die Erregerfrequenz Ω (das Gerät niedrig „abgestimmt" ist). Andererseits gibt ein reibungsgefesseltes, **geschwindigkeitsfühlendes** Gerät die Beschleunigung ohne Amplitudenverzerrung wieder, wenn 2δ groß ist gegen Ω (das Gerät hoch „abgestimmt" ist).

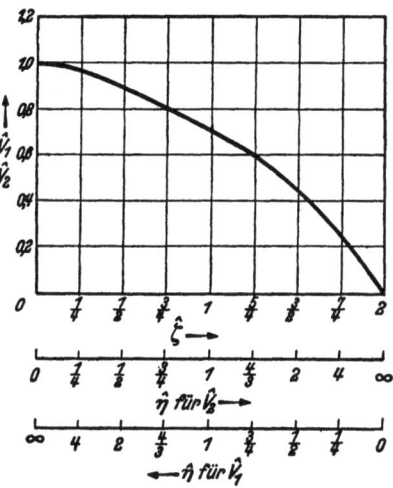

Abb. 20/1. Vergrößerungsfunktionen $\hat{V}_1$ und $\hat{V}_i$.

Dieselbe Funktion $\hat{\mathfrak{h}}_1$, die die Anzeige eines wegfühlenden Gerätes, $\mathfrak{R}$, mit dem einwirkenden Weg, $\mathfrak{U}$, verbindet, tritt auch auf, wenn ein geschwindigkeitsfühlendes Gerät zur Messung der Geschwindigkeit, $\dot{u}$, benutzt werden soll. Denn mit

$$\mathfrak{Z}_{\dot{r}} = \xi_1 i \Omega \mathfrak{R} \quad \text{und} \quad \mathfrak{B}_u = i \Omega \mathfrak{U}$$

wird
$$\mathfrak{Z}_{\dot{r}} = \hat{\mathfrak{h}}_1(-\xi_1 \mathfrak{B}_u).$$

(Das Gerät muß also niedrig „abgestimmt" sein.)

Ebenso findet man: dieselbe Funktion $\hat{\mathfrak{h}}_2$, die die Anzeige eines geschwindigkeitsfühlenden Gerätes, $\mathfrak{Z}_{\dot{r}}$, mit der einwirkenden Beschleunigung, $\mathfrak{B}$, verbindet, tritt auch auf, wenn ein wegfühlendes Gerät zur Messung der Geschwindigkeit, u, benutzt werden soll. Denn mit

$$\mathfrak{Z}_{\dot{r}} = \xi_1 i \Omega \mathfrak{R} \quad \text{und} \quad \mathfrak{B} = i \Omega \mathfrak{B}_u$$

wird
$$\mathfrak{R} = \hat{\mathfrak{h}}_2\left(-\frac{\mathfrak{B}_u}{2\delta}\right).$$

(Das Gerät muß also hoch „abgestimmt" sein.)

Würde man dagegen den Gln. (20. 2) oder (20. 3) analoge Beziehungen zwischen $\Re$ und $\mathfrak{B}$ oder $\mathfrak{Z}_f$ und $\mathfrak{U}$ aufzustellen suchen, so erhielte man aus den zugehörigen komplexen Einflußzahlen Vergrößerungsfunktionen, die nirgendwo im Bereich $\hat{\eta}$ stationär verlaufen, ohne Null zu sein. Daraus folgt, daß bei Reibungsfesselung ein wegfühlendes Gerät nur Wege oder Geschwindigkeiten, ein geschwindigkeitsfühlendes Gerät nur Geschwindigkeiten oder Beschleunigungen messen kann, und zwar je nachdem, ob es niedrig oder hoch „abgestimmt" ist.

Man erkennt ferner, daß, wenn man einen Beschleunigungsmesser mit Geschwindigkeitsfühlung ausrüsten will, man ihm nicht eine Federfesselung geben darf (vgl. Ziff. 19), sondern eine Reibungsfesselung anwenden muß.

Neben der Freiheit von Amplitudenverzerrung ist aber auch die Freiheit von Phasenverzerrung noch zu prüfen. Wir kümmern uns dabei nur um jene Fälle, die wegen der möglichen Freiheit von Amplitudenverzerrung in Betracht kommen können, also jene, die sich an die Funktion $\mathfrak{h}_1$ (und zwar im Bereiche großer Werte $\hat{\eta}$) bzw. an die Funktion $\mathfrak{h}_2$ (und zwar im Bereiche kleiner Werte $\hat{\eta}$) anschließen: den wegfühlenden Wegmesser und den geschwindigkeitsfühlenden Geschwindigkeitsmesser bzw. den geschwindigkeitsfühlenden Beschleunigungsmesser und den wegfühlenden Geschwindigkeitsmesser.

Zudem muß man sich an dieser Stelle entscheiden, ob man die Phasenverschiebung zwischen $\Re$ und $(+\mathfrak{U})$ oder $\Re$ und $(-\mathfrak{U})$ bzw. $\mathfrak{Z}_f$ und $(+\mathfrak{B})$ oder $\mathfrak{Z}_f$ und $(-\mathfrak{B})$ untersuchen will. Wir entscheiden uns (indem wir das Ergebnis vorwegnehmen) für jene Zusammenhänge, die sich einfacher darstellen lassen, nämlich die zwischen $\Re$ und $(-\mathfrak{U})$ einerseits und die zwischen $\mathfrak{Z}_f$ und $(-\mathfrak{B})$ andererseits.

Die Phasenverschiebung zwischen $\Re$ und $(-\mathfrak{U})$ wird durch die Größe $\mathfrak{h}_1$, die zwischen $\mathfrak{Z}_f$ und $(-\mathfrak{B})$ durch $\mathfrak{h}_2$ vermittelt. Zu $\mathfrak{h}_1$ gehört nach der allgemeinen Definition (8. 8) und nach Gl. (20.7a) als Phasenverschiebungswinkel, da $\mathfrak{Im}(\mathfrak{h}_1) > 0$ ist, der Voreilwinkel

$$\hat{\gamma}_1 = \text{arc tg} \frac{|\mathfrak{Im}(\mathfrak{h}_1)|}{\mathfrak{Re}(\mathfrak{h}_1)} = \text{arc tg} \frac{1}{\hat{\eta}}. \qquad (20.11\text{a})$$

Zu $\mathfrak{h}_2$ gehört nach Gl. (20.7b), da $\mathfrak{Im}(\mathfrak{h}_2) < 0$ ist, der Nacheil-

Ziff. 20.   Die reibungsgefesselten Geräte.   103

winkel
$$\hat{\varepsilon}_2 = \text{arc tg} \frac{|\Im m\,(\hat{\vartheta}_2)|}{\Re e\,(\hat{\vartheta}_2)} = \text{arc tg}\,\hat{\eta}. \qquad (20.11\,\text{b})$$

Auch für die Phasenverschiebungswinkel besteht also eine der Beziehung (20.10b) analoge:

$$\hat{\gamma}_1\!\left(\frac{1}{\hat{\eta}}\right) = \hat{\varepsilon}_2(\hat{\eta}) \quad \text{oder umgekehrt} \quad \hat{\varepsilon}_2\!\left(\frac{1}{\hat{\eta}}\right) = \hat{\gamma}_1(\hat{\eta}). \qquad (20.12)$$

Wir wissen jedoch, daß für die Phasenverzerrung nicht die Phasenverschiebungswinkel, sondern die Phasenverschiebungszeiten maßgebend sind. Aus $\hat{\gamma}_1$ und $\hat{\varepsilon}_2$ bilden wir daher

$$\hat{t}_1 = \frac{\hat{\gamma}_1}{\Omega} \quad \text{und} \quad \hat{t}_2 = \frac{\hat{\varepsilon}_2}{\Omega}.$$

Ähnlich wie früher (Ziff. 14) beziehen wir diese Zeiten auf einen festen Wert. Für diesen Wert wählen wir (da das Gerät keine Eigenperiode T hat) die Zeit $\hat{T} = \frac{1}{2\delta}$ (sie läßt sich deuten als die „Abklingzeit" des Gerätes, das ist jene Zeit, in der ein Ausschlag bei freier Bewegung auf den e-ten Teil seines Anfangswertes zurückgeht). So kommen die relativen Phasenverschiebungszeiten

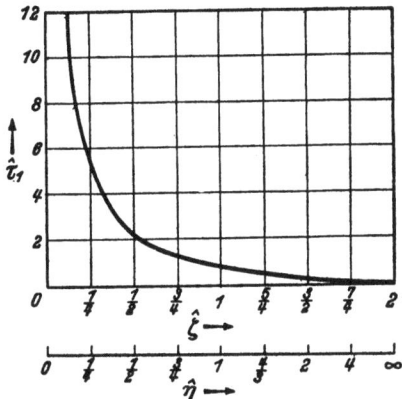

Abb. 20/2. Relative Phasenverschiebungszeit $\hat{\tau}_1$.

$$\hat{\tau}_1 = \frac{\hat{t}_1}{\hat{T}} = \frac{1}{\hat{\eta}}\,\text{arc tg}\,\frac{1}{\hat{\eta}} \qquad (20.13\,\text{a})$$

und

$$\hat{\tau}_2 = \frac{\hat{t}_2}{\hat{T}} = \frac{1}{\hat{\eta}}\,\text{arc tg}\,\hat{\eta} \qquad (20.13\,\text{b})$$

zustande.

Die Phasenverschiebungszeit $\hat{\tau}_1$ ist in Abb. 20/2 aufgetragen. Sie wird gebraucht zur Beurteilung der Phasenverzerrung bei Geräten, die (mit Rücksicht auf die Freiheit von Amplitudenverzerrung) niedrig „abgestimmt" sind, d. h. für große Werte $\hat{\eta}$. Mit wachsenden Werten $\hat{\eta}$ geht die Funktion $\hat{\tau}_1$ gegen Null. Ihre Schwankung in dem durch die Toleranzen für die Amplitudenverzerrung festgelegten Intervall ist also gleich ihrem Funktionswert $\hat{\tau}_1$ an jener Stelle $\hat{\eta}$, die zur Grundharmonischen gehört. Die Phasenverschiebungszeit $\hat{\tau}_2$ ist in Abb. 20/3 wiedergegeben. Man sieht, daß sie im Bereich kleiner Werte $\hat{\eta}$, wo sie (in Hinblick auf die zugehörige Vergrößerungsfunktion $\hat{V}_2$) allein interessiert, erträgliche Schwankungen aufweist.

Nachdem wir uns bisher mit den reibungsgefesselten Geräten „in Reinkultur" beschäftigt haben, wollen wir nun noch einige Ergänzungen anbringen. Ein Gerät mit reiner Reibungsfesselung hat den Nachteil, daß die Masse keine definierte Gleichgewichtslage aufweist. Eine, wenn auch schwache, „Haltefeder" ist notwendig. Damit fällt die Bauart wieder unter das Schema der Abb. 16/1. Wir untersuchen nun zunächst den Einfluß dieser Haltefeder. Dabei beschränken wir die Betrachtungen jedoch auf eine einzige Ausführungsform des Gerätes, den geschwindigkeitsfühlenden Beschleunigungsmesser, weil sie die größte praktische Bedeutung besitzt[1].

Abb. 20/3. Relative Phasenverschiebungszeit $\hat{\tau}_2$.

Für den Zusammenhang zwischen der einwirkenden Beschleunigung $\mathfrak{B}$ und der Anzeige $\mathfrak{Z}_{\dot{r}}$ des geschwindigkeitsfühlenden Bewegungsmessers ist nun nicht mehr (20. 4b) — mit $\hat{\mathfrak{y}}_2$ —, sondern (19. 8) — mit $\mathfrak{y}_2$ selbst — maßgebend:

$$\mathfrak{Z}_{\dot{r}} = \left(-\xi_1 \frac{\mathfrak{B}}{2\delta}\right) \mathfrak{y}_2 .$$

In der zugehörigen Vergrößerungsfunktion, $|\mathfrak{y}_2|$, beziehen wir nun aber, im Gegensatz zu (19. 8a), die Frequenz Ω der Einwirkung nicht auf ω, sondern auf 2δ, so daß an Stelle von $\eta = \frac{\Omega}{\omega}$ wieder die in (20. 6) eingeführte Größe $\hat{\eta} = \frac{\Omega}{2\delta}$ auftritt. Nennen

---

[1] Ein solches reibungsgefesseltes Gerät ist in der Luftfahrtforschungsanstalt Graf Zeppelin in Stuttgart-Ruit von R. Majer entwickelt worden.

Ziff. 20. Die reibungsgefesselten Geräte. 105

wir schließlich die Federzahl der Haltefeder (statt c) nun c_0 und messen sie durch die dimensionslose Größe

$$\gamma_0 = \frac{a\, c_0}{b^2},$$

so erhalten wir für die Vergrößerungsfunktion unter Beachtung der ersten Form von (8. 3b) den Ausdruck

$$\hat{V}_2(\hat{\eta}, \gamma_0) = \frac{1}{\sqrt{1 + \hat{\eta}^2 \left(1 - \frac{\gamma_0}{\hat{\eta}^2}\right)^2}}. \tag{20.14}$$

Für $\gamma_0 = 0$ geht (20. 14) über in (20. 8b).

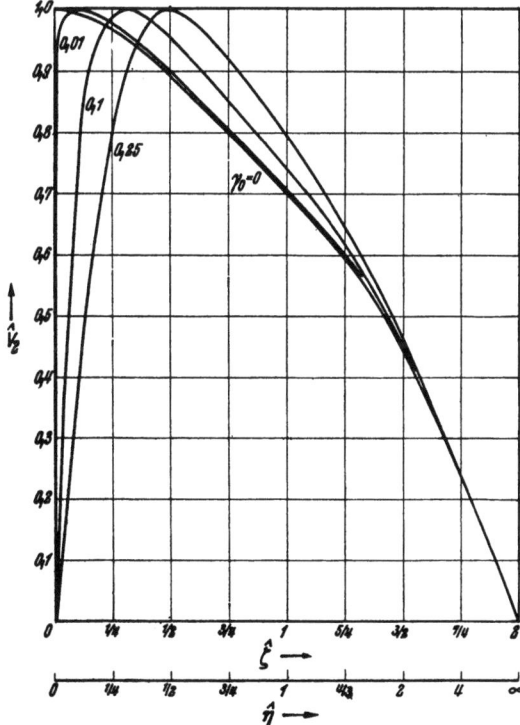

Abb. 20/4. **Vergrößerungsfunktion** $\hat{V}_2(\hat{\eta}, \gamma_0)$ **eines reibungsgefesselten, geschwindigkeitsfühlenden Beschleunigungsmessers mit Haltefeder.**

Die Schar der Kurven $\hat{V}_2(\hat{\eta})$ mit γ_0 als Parameter (einschließlich des Wertes $\gamma_0 = 0$) zeigt Abb. 20/4. Ist $\gamma_0 \neq 0$, so geht die

Funktion $\hat{V}_2(\hat{\eta})$ sowohl für große als auch für kleine Werte des Argumentes $\hat{\eta}$ nach Null und hat dazwischen ein Maximum vom Betrage Eins. Insofern hat ihr Verlauf also Ähnlichkeit mit dem der durch (19. 8a) definierten Funktion $V_2(\eta)$. Im Gegensatz zu dieser hat die Funktion $\hat{V}_2(\hat{\eta})$ aber ihr Maximum nicht bei dem Argumentwert Eins, sondern bei $\sqrt{\gamma_0}$. Durch Verkleinerung des Parameters $\gamma_0 = \frac{a c_0}{b^2}$ (d. h. dadurch, daß das Meßgerät von einem feder- und reibungsgefesselten mehr und mehr in ein nur noch reibungsgefesseltes verwandelt wird) kann also das Gebiet, in welchem die Kurve $\hat{V}_2(\hat{\eta}, \gamma_0)$ stationär verläuft, ohne Null zu sein,

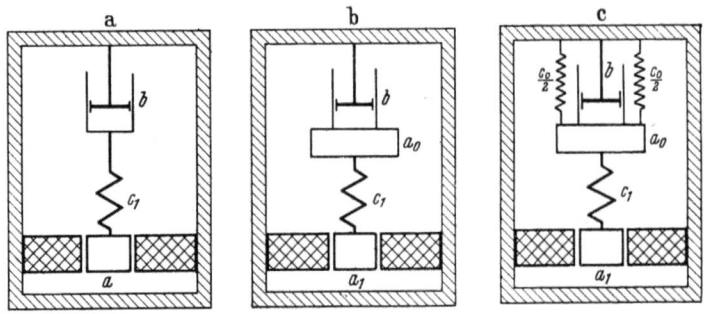

Abb. 20/5. **Reibungsgefesselte, geschwindigkeitsfühlende Beschleunigungsmesser in verschiedenen Ausführungsformen.**

beliebig weit nach kleineren Werten $\hat{\eta}$ hin verlagert werden. Die Breite des Bereiches für $\hat{\eta}$, innerhalb dessen $\hat{V}_2(\hat{\eta}, \gamma_0)$ von dem (Maximal-)Wert Eins höchstens um einen vorgegebenen Fehler F abweicht, ist jedoch für alle Parameterwerte (einschließlich $\gamma_0 = 0$) gleich groß.

Zusammenfassend können wir über die Vorzüge und Nachteile des in Rede stehenden Gerätes also folgendes sagen: Ein geschwindigkeitsfühlender Bewegungsmesser (ohne Festpunkt) kann bei Reibungsfesselung im Gegensatz zu einem (überwiegend) federgefesselten Gerät als Beschleunigungsmesser verwendet werden; es muß nur die höchste in der Einwirkung enthaltene (oder zu beachtende) Frequenz Ω_k noch klein sein gegen $2\delta = \frac{b}{a}$. Wegen der Notwendigkeit einer Haltefeder ist der „erfaßbare" Frequenz-

Ziff. 20.   Die reibungsgefesselten Geräte.   107

bereich aber auch nach unten hin begrenzt: Die Grundfrequenz Ω_1 der Einwirkung muß noch groß sein gegen c_0/b. Für die meisten praktisch vorkommenden Fälle wird diese Beschränkung allerdings bedeutungslos bleiben, denn die Werte $\gamma_0 = \dfrac{a\,c_0}{b^2}$ lassen sich in der Größenordnung 10^{-5} halten.

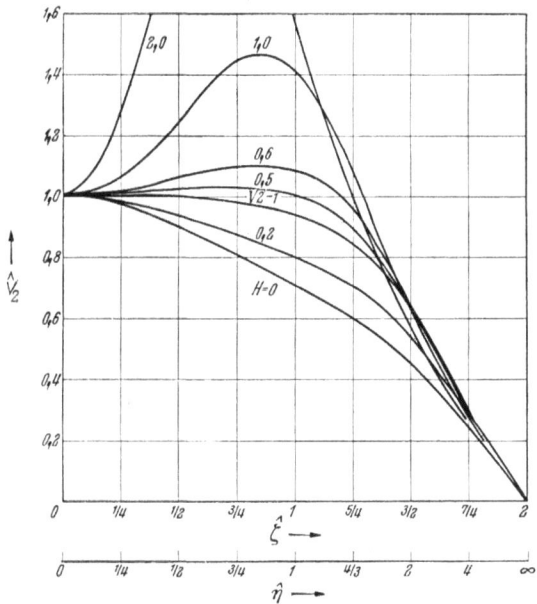

Abb. 20/6a. Vergrößerungsfunktion $\hat{V}_2(\hat{\eta}, H)$ eines Gerätes nach Abb. 20/5a.

Wir zeigen nun noch zwei Maßnahmen, die dazu dienen, die Kurven $\hat{V}_2(\hat{\eta})$ weiter abzuflachen, beschränken uns dabei aber auf den Fall $\gamma_0 = 0$. Die erste Maßnahme ist die Einfügung einer Feder c_1 zwischen Reibungsvorrichtung und Masse nach Abb. 20/5a; die zweite ist die (praktisch als Folgeerscheinung der ersten stets eintretende) Aufteilung der Masse a in die beiden Massen a_0 und a_1 nach Abb. 20/5b. Den Einfluß, den diese beiden Maßnahmen jeweils für sich ausüben, zeigen die Kurven der Abb. 20/6a und 20/6b. Der Vollständigkeit halber geben wir hier noch die Vergrößerungsfunktion $\hat{V}_2$ für den allgemeinsten Fall an, der in

IV. Kraftmessung und Bewegungsmessung. Ziff. 20.

Abb. 20/5c schematisch dargestellt ist:

$$\hat{V}_2 = \sqrt{\frac{(1 + \gamma_0 H - \alpha_0 H \hat{\eta}^2)^2 + H^2 \hat{\eta}^2}{(1 - H \hat{\eta}^2)^2 + \hat{\eta}^2 \left(1 + \gamma_0 H - \alpha_0 H \hat{\eta}^2 - \frac{\gamma_0}{\hat{\eta}^2}\right)^2}} \quad (20.15)$$

mit

$$\hat{\eta} = \frac{a\Omega}{b}, \quad \gamma_0 = \frac{a c_0}{b^2},$$
$$H = \frac{a_1}{c_1}\left(\frac{b}{a}\right)^2, \quad \alpha_0 = \frac{a_0}{a}, \quad a = a_0 + a_1. \quad (20.15\text{a})$$

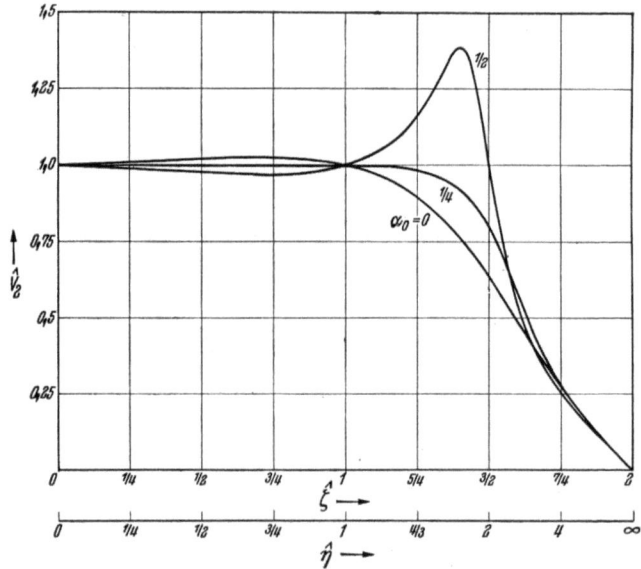

Abb. 20/6b. Vergrößerungsfunktion $\hat{V}_2(\hat{\eta}, \alpha_0)$ eines Gerätes nach Abb. 20/5b ($H = 0{,}5$).

Die zu Abb. 20/6a bzw. 20/6b gehörigen Gleichungen gehen aus (20.15) dadurch hervor, daß $\gamma_0 = 0$ und außerdem $\alpha_0 = 0$ bzw. $H = 0{,}5$ gesetzt wird.

Die Kurvenschar 20/6a läßt sich hinsichtlich des „günstigsten" Wertes des Parameters H ähnlich diskutieren, wie wir dies in Ziffer 13 mit der Schar in Abb. 8/3 hinsichtlich des günstigsten Dämpfungsmaßes D vorgenommen haben. Unter Voraussetzung einer (kleinen) Abweichung $\pm F$ der Funktion $\hat{V}_2$ vom Werte Eins ergibt sich der günstigste Wert H zu

$$H^* \approx (\sqrt{2} - 1)(1 + \sqrt{F}).$$

Ziff. 20.   Die reibungsgefesselten Geräte.   109

Der ausnutzbare Bereich $\hat{\eta}$ erstreckt sich dabei bis zum Wert

$$\hat{\eta}^* \approx (1 + \sqrt{2}) \sqrt[4]{2F}.$$

Bezeichnet man mit H_0 den zu $F = 0$ gehörenden Wert von H^*, also

$$H_0 = \sqrt{2} - 1,$$

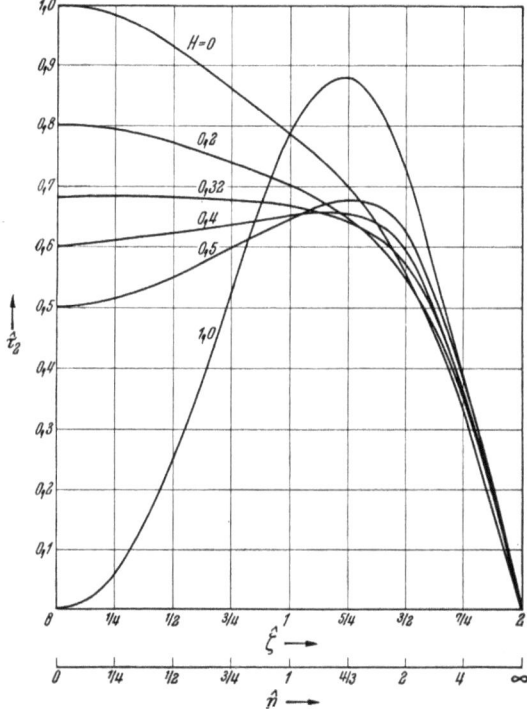

Abb. 20/7. Relative Phasenverschiebungszeiten $\hat{t}_s(\hat{\eta}, H)$ des Gerätes Abb. 20/5a.

und bezeichnet man den entsprechenden Wert $\hat{\eta}_c$ mit $\hat{\eta}_{c,0}$, so folgt, da sich für

$$\hat{\eta}_{c,0} \approx \sqrt{1 + \sqrt{2}} \sqrt[4]{2F}$$

ergibt,

$$\hat{\eta}^* \approx \sqrt{1 + \sqrt{2}}\, \hat{\eta}_{c,0} = 1{,}55\, \hat{\eta}_{c,0}.$$

Die entsprechenden relativen Phasenverschiebungszeiten

$$\hat{t}_s(\hat{\eta}, H) = \frac{1}{\hat{\eta}} \operatorname{arc tg}[\hat{\eta}(1 - H + H^2 \hat{\eta}^2)]$$

sind in Abb. 20/7 graphisch dargestellt. Auch hier könnte die Kurvenschar hinsichtlich des günstigsten Wertes des Parameters H diskutiert werden. Für $F = 0$ geht das optimale H aus der Gleichung

$$3\,\mathsf{H}^2 = (1-\mathsf{H})^3$$

hervor; es hat ungefähr den Wert $\mathsf{H}_{opt.} = 0{,}32$.

C. Bewegungsmesser mit Festpunkt.

21. Wegmesser. α) **Allgemeines.** Sowohl die in IV A behandelten Federkraftmesser wie auch die in IV B behandelten (federgefesselten) Bewegungsmesser ohne Festpunkt weisen als gemeinsames Kennzeichen ein Feder-Masse-System, d. h. ein selbst schwingungsfähiges Gebilde auf. Die Masse kommt bei den Kraftmessern allerdings nur als Folge der Unvollkommenheit des Gerätes ins Spiel, während sie bei den Bewegungsmessern ohne Festpunkt wesentlich ist. Alle kinetischen Untersuchungen in den Abschnitten IV A und IV B bezogen sich auf dieses schwingungsfähige mechanische Gebilde, das die Einwirkung (p, u, $\dot{u}$, $\ddot{u}$, $\dddot{u}$) in die gefühlte Größe (q, $\dot{q}$, r oder $\dot{r}$) umsetzt.

Diese gefühlten Größen werden oft nicht unmittelbar angezeigt, sondern auf dem Weg über eine Übersetzung oder Indikatorvergrößerung ξ_0 bzw. ξ_1 in die Aufzeichnung z übergeführt. Für den Zusammenhang zwischen der gefühlten Größe und der Aufzeichnung z war bisher eine strenge Proportionalität z. B. in der Form

$$z(t) = \xi_0 q(t) \quad (11.1) \qquad \text{bzw.} \qquad z(t) = \xi_1 \dot{q}(t) \quad (11.2)$$

angenommen worden. In dieser Annahme steckt die Voraussetzung, daß die Übertragungsglieder ideal arbeiten, d. h. z. B. bei mechanischen Vorrichtungen, daß sie trägheitsfrei und starr sind. Auf eine kinetische Erfassung der wirklichen Vorgänge in dieser „zweiten Stufe", der Umsetzung der gefühlten Größe in die Aufzeichnung, wird verzichtet, wenn die Annahmen (11.1) bzw. (11.2) gemacht werden.

Steht für eine Bewegungsmessung ein Festpunkt zur Verfügung (was beim Arbeiten im Laboratorium oft der Fall ist und auch bei bestimmten anderen Meßaufgaben, z. B. bei Dehnungsmessungen, oft vorausgesetzt werden darf), so benötigt man ein schwingungsfähiges Gebilde für die Umsetzung der zu messenden Größe in die gefühlte Größe überhaupt nicht. Die gefühlte Größe ist hier mit der zu messenden identisch. Daraus geht auch un-

Ziff. 21. Wegmesser. 111

mittelbar hervor, daß bei Vorhandensein eines Festpunktes mit einem wegfühlenden Gerät nur Wege, mit einem geschwindigkeitsfühlenden Gerät nur Geschwindigkeiten gemessen werden können. Wir beschäftigen uns weiterhin explizit nur mit der Wegmessung.

Die bei den bisher betrachteten Geräten vorhandene „erste Stufe", der alle bisherigen Betrachtungen galten, entfällt hier überhaupt. Es bleibt nur die Aufgabe, die gefühlte Größe aufzuzeichnen. Wenn auch hier ein ideales Arbeiten, d. h. einfach eine Proportionalität zwischen gefühlten Größen und Aufzeichnung angenommen wird, so entfällt jede kinetische Untersuchung.

Es ist hier jedoch der Ort, auch die Umsetzung der „zweiten Stufe" etwas genauer unter die Lupe zu nehmen, d. h. das nicht ideale mechanische Verhalten einer Übersetzung zu untersuchen. Die Abweichung vom idealen Verhalten liegt darin, daß die Übertragungsglieder nicht trägheitsfrei und nicht starr sind. Die Übersetzung stellt daher selbst wieder ein schwingungsfähiges Gebilde dar.

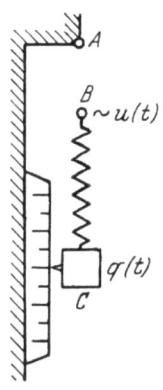

In einer vereinfachten Betrachtungsweise kann auch dieses als Schwinger von einem Freiheitsgrad angesehen werden. Das Ersatzbild sieht jetzt so aus, wie Abb. 21/1 angibt, wenn man die Masse z. B. an die Stelle des Schreibstiftes reduziert.

Abb. 21/1. Schema eines Bewegungsmessers mit Festpunkt.

Zwar handelt es sich bei dieser Untersuchung der zweiten Stufe um die Umsetzung von q nach z; wir wollen jedoch auch für diese kinetische Untersuchung dieselben Bezeichnungen verwenden wie früher bei der Untersuchung der ersten Stufe, d. h. wir werden die Absolutbewegung des Federfußpunktes mit u, die Absolutbewegung der Masse a mit q bezeichnen.

β) **Bewegungsgleichungen und Vergrößerungsfunktionen.** Ist im Gerät der Abb. 21/1 eine Dämpfung vorhanden, so muß man unterscheiden, ob sie zwischen C und B („Relativdämpfung"), zwischen C und A („Absolutdämpfung") oder zwischen beiden Punktpaaren wirkt. Im ersten Fall lautet die Bewegungsgleichung

$$\ddot{q} = \frac{1}{a}[-c(q-u) - b_2(\dot{q}-\dot{u})]$$

oder geordnet
$$a\ddot{q} + b_2\dot{q} + cq = b_2\dot{u} + cu, \qquad (21.1)$$
im zweiten Fall
$$\ddot{q} = \frac{1}{a}[-c(q-u) - b_1\dot{q}]$$
oder geordnet
$$a\ddot{q} + b_1\dot{q} + cq = cu, \qquad (21.2)$$
im dritten Fall
$$a\ddot{q} + (b_1 + b_2)\dot{q} + cq = b_2\dot{u} + cu, \qquad (21.3)$$

wenn b_1 den Dämpfungsfaktor der zwischen C und A wirkenden Dämpfungskraft, b_2 den der zwischen C und B wirkenden bezeichnet.

Zur ersten der drei Gleichungen (Relativdämpfung) gehört bei harmonischer Anregung, wenn die komplexe Schreibweise benutzt wird, die Lösung [Gl. (8.23b)]

$$\mathfrak{Q} = \mathfrak{U}(\mathfrak{y}_2 + \mathfrak{y}_3) \qquad (21.4a)$$

mit den beiden (reellen) Aussagen

$$Q = U V_{2,3} \quad \text{und} \quad \varepsilon = \varepsilon_{2,3} \qquad (21.4b)$$

(die zugehörigen Kurven zeigen die Abb. 8/7 und 8/4b), zur zweiten (Absolutdämpfung)

$$\mathfrak{Q} = \mathfrak{U}\mathfrak{y}_3 \qquad (21.5a)$$
mit
$$Q = U V_3, \quad \varepsilon = \varepsilon_3 \qquad (21.5b)$$

(Abb. 8/3 und 8/4a), zur dritten dagegen

$$\mathfrak{Q} = \left(\frac{b_2}{b_1 + b_2}\mathfrak{y}_2 + \mathfrak{y}_3\right)\mathfrak{U}, \qquad (21.6)$$

wobei zu beachten ist, daß die in $\mathfrak{y}_2$ und $\mathfrak{y}_3$ steckende Größe b hier $(b_1 + b_2)$ ist. Die zugehörigen Vergrößerungsfunktionen und Phasenverschiebungswinkel sind für diesen Fall explizit nicht aufgezeichnet, sie lassen sich jedoch aus den Gln. (8.3) ohne Schwierigkeiten bilden.

Im Fall verschwindender Dämpfung gehen die beiden Aussagen in (21.4b) und (21.5b) in die gemeinsame Fassung

$$Q = U\left|\frac{1}{1-\eta^2}\right| \quad \text{und} \quad \varepsilon = \begin{cases} 0 & \text{für } \eta < 1 \\ \pi & \text{für } \eta > 1 \end{cases} \qquad (21.7)$$

über.

Die im Fall der Absolutdämpfung geltenden Beziehungen (21.5) entsprechen vollständig den beim Kraftmesser gefundenen [Gln. (12.2)]; deshalb verläuft auch die Diskussion genau wie dort: Alle Frequenzverhältnisse η_k müssen auf einen Bereich in der Nähe des Nullpunktes eingeschränkt werden. Die erlaubte Ausdehnung dieses Bereiches hängt ab vom zugelassenen Fehler F und vom Dämpfungsmaß D, die Eigenfrequenz ω außerdem noch von der Ordnung n der höchsten in Betracht zu ziehenden Harmonischen.

Hinsichtlich der Erörterungen über die Dämpfung muß man jedoch wohl im Auge behalten, daß Dämpfung dabei stets eine geschwindigkeitsproportionale Dämpfung bedeutet und daß die Wegmesser mit Festpunkt meist nicht mit einer künstlichen, d. h. einstellbaren, Dämpfung versehen sind.

Die Folgerungen aus den für die Relativdämpfung geltenden Beziehungen (21.4) schließen sich an die Erörterungen über die Funktionen $V_{2,3}$ und $\varepsilon_{2,3}$ in Ziff. 8 an. Auch hier müssen die Frequenzverhältnisse η_k in der Nähe des Nullpunktes liegen. Es gibt jedoch kein Optimum des Dämpfungsmaßes; je größer das Dämpfungsmaß ist, um so weiter erstreckt sich (bei einem gegebenen Fehler F) der erlaubte Bereich des Frequenzverhältnisses nach rechts.

γ) **Dehnungsmesser** („Spannungsmesser"). Der in Ziff. 17, δ erwähnte Dehnungsmesser ist ein Gerät, das die gegenseitige Verschiebung zweier Punkte eines elastischen Körpers messen soll. Falls es erlaubt ist, einen dieser

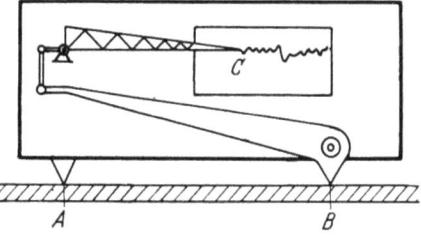

Abb. 21/2. Dehnungsmesser (Meyer-Honegger).

beiden Punkte als Festpunkt zu betrachten, handelt es sich um die Messung eines Weges durch ein Gerät „mit Festpunkt". Die Aufzeichnung einer solchen Verschiebung kann direkt, d. h. mechanisch (etwa unter Verwendung von Hebeln zur Erzielung einer Übersetzung ins Große) und durch Aufschreibung erfolgen[1]; dann

---

[1] Mechanisch schreibende Dehnungsmesser; Beispiele: Geräte nach Meyer-Honegger (Abb. 21/2), A. Meyer: Schweiz. Bauztg. 1931 S. 50 mit Federschrift, ferner Dehnungsschreiber der DVL (siehe Anmerk. 2 auf S. 6).

handelt es sich, falls die Nachgiebigkeit der Übertragungsglieder berücksichtigt wird, um ein Gerät, das unter die Abb. 21/1 fällt und auf das damit die Betrachtungen des Abschnitts β) zutreffen. Statt der Aufzeichnung durch eine rein mechanische Vorrichtung kann aber auch eines der in Ziff. 2 erwähnten Verfahren zur Wegmessung benutzt werden[1]. Bei der Kleinheit der für Dehnungsmessungen zur Verfügung stehenden Ausschläge sind solche empfindlichen Verfahren sehr bedeutungsvoll. In diesem Fall rechnet man in der Regel mit einer direkten Proportionalität $z = \xi_0 u$ zwischen Verschiebung u und Aufzeichnung z, ohne eine genauere kinetische Untersuchung anzuschließen.

Die als Dehnungsmesser bezeichneten Wegmeßgeräte werden zuweilen auch Spannungsmesser genannt. Diese Bezeichnung scheint darauf hinzuweisen, daß sie in die Gruppe der Kraftmesser gehören (da Spannungen bezogene Kräfte sind).

Der Unterschied zwischen einem eigentlichen Kraftmesser und einem Spannungsmesser liegt jedoch darin, daß im ersten Fall auf das Meßgerät tatsächlich eine Kraft einwirkt, während die Einwirkung auf das Meßgerät im zweiten Fall nur die Verrückung ist. Diese Verrückung ist der Dehnung einer Meßstrecke auf dem Probekörper und diese wieder der Spannung im Probekörper proportional. Während also im ersten Fall die Verknüpfung zwischen (gefühltem) Weg und (einwirkender) Kraft im Meßgerät geschieht, findet die Verknüpfung zwischen Spannung (Kraft) und Dehnung (Verrückung) im zweiten Fall im Probekörper statt. Der Spannungsmesser gehört somit nur dem Zwecke nach zu den Kraftmessern, der Methode nach aber zu den Wegmessern.

Wir betonen noch einmal ausdrücklich, daß die Aussagen über die Dehnungsmesser in dieser Form nur gelten, falls der eine Endpunkt der Meßstrecke auf dem elastischen Probekörper keine Beschleunigung erfährt. Wie man eine Messung anzustellen hat,

---

[1] Von den elektrischen Verfahren, etwa den beiden Trägerfrequenzverfahren, machen z. B. folgende Geräte Gebrauch:

a) Beeinflussung der Induktivität eines Wechselstromkreises, siehe J. Ratzke: Jb. d. Dt. Luftfahrtforschung 1937 II S. 278.

b) Beeinflussung der Kapazität eines Wechselstromkreises, siehe F J. Meister: Akust. Z. Bd. 3 (1938) S. 271 und Z. Geophys. Bd. 16 (1940) S. 105.

Auch der reziproke Magnetostriktionseffekt (siehe Ziff. 2, β 3) wird neuerdings für solche Geräte gern benutzt.

wenn beide Endpunkte beschleunigt bewegt werden, ist in Ziff. 17, δ schon erörtert worden.

δ) **Tastgeräte** Der Bezugspunkt A, gegen den der Schwingweg gemessen wird, braucht aber nicht streng unveränderlich zu sein. Wenn er sich im Vergleich zur aufzuzeichnenden Bewegung nur genügend langsam bewegt, kann er schon als „Festpunkt" dienen. Auf diesem Gedanken beruhen die sog. Tastgeräte. Wir erwähnen zwei Ausführungsbeispiele: den Tastschwingungsschreiber (Askania)[1] (Abb. 21/3) und den Tastfühler (Bosch)[2] (Abb. 21/4).

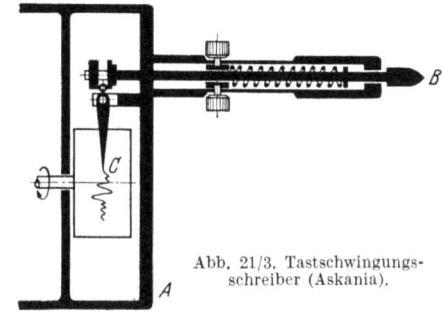

Abb. 21/3. Tastschwingungsschreiber (Askania).

Das Gehäuse des Tastgerätes hält man in der Hand und drückt eine Fühlstange (entgegen der Kraft einer Feder) gegen den Körper (z. B. einen Maschinenteil), dessen Bewegung festgestellt werden soll. Die Aufzeichnung erfolgt dann nicht über einer geraden Nullinie, sondern über einer Linie, die die Schwankungen des Gehäuses, also des Bezugspunktes A, darstellen. Da diese immer besonders niederfrequent sein werden, lassen sie sich leicht von

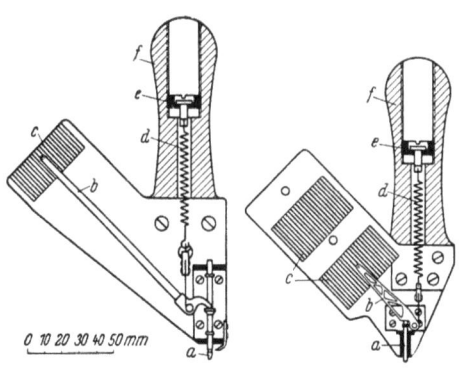

Abb. 21/4. Tastfühler (Bosch).

den zu messenden Schwingungen trennen. Abb. 21/5 zeigt drei Schriebe, die mit dem in Abb. 21/3 skizzierten Gerät aufgenommen sind. Sowohl Frequenz wie Amplitude der Schwingungen können den Aufzeichnungen entnommen werden. Die unsymmetrische Form der Sinuslinien, die insbesondere im dritten der

---

[1] Askania-Druckschrift Schwing 102 und Schwing 105.
[2] Allendorff, F.: Z. VDI Bd. 82 (1938) S. 569.

Schriebe hervortritt, rührt davon her, daß der Schreibstift sich auf einem Kreisbogen statt auf einer Geraden bewegt.

Auch die Tastgeräte sind grundsätzlich solche Geräte, die den Weg gegenüber einem Festpunkt messen; auch sie enthalten ein Meßsystem, das primär nicht schwingungsfähig ist oder sein muß, das allenfalls durch seine Unvollkommenheiten schwingungsfähig wird. Die in den Geräten vorhandene Feder ist zunächst nicht die Feder eines schwingungsfähigen Systems; sie dient vielmehr dazu,

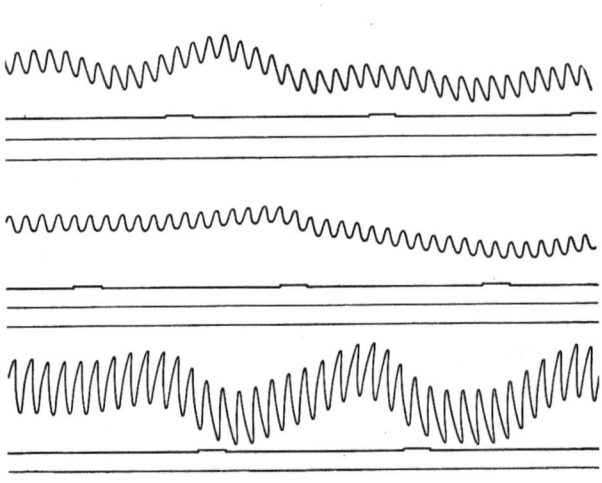

Abb. 21/5. Schriebe des Tastschwingungsschreibers (Askania).

einen Kraftschluß zwischen Fühlstange und Objekt herzustellen. Solange der Kraftschluß besteht, ist das Gerät eines, das Wege gegen einen Festpunkt mißt. Es gelten deshalb dieselben Überlegungen wie z. B. für den Dehnungsmesser.

Wir wollen nun noch erörtern, wie die den Kraftschluß herstellende Feder dennoch eine Grenze für den Anwendungsbereich eines Tastgerätes schafft. Die Tastgeräte zeigen im Aufbau eine starke Verwandtschaft mit den Grenzbeschleunigungsmessern; diese Verwandtschaft wollen wir nun genauer untersuchen. Das in Abb. 21/3 dargestellte Tastgerät läßt sich auf das Schema der Abb. 21/6 zurückführen. Vom Festpunkt A geht eine Feder c_{AB} aus (sie entspricht der in Abb. 21/3 wirklich vorhandenen Feder,

Ziff. 21. Wegmesser.

die den Kraftschluß zwischen Fühlhebel und dem Probekörper herstellen soll); ihre Masse läßt sich auf die Punktkörpermasse a' reduzieren. Die Feder c_{AB} preßt die Masse a' gegen den Teil B (der dem Fühlhebel in Abb. 21/3 entspricht); ihm wird die Bewegung $u(t)$ aufgeprägt. Der Teil B (Fühlhebel) ist dann über eine Feder c_{BC} mit einer Masse a verbunden, deren Bewegung $q(t)$ gegen den Festpunkt A aufgezeichnet wird (sowohl die Federzahl c_{BC} wie die Masse a stellen die Eigenschaften des Übertragungsgestänges in Abb. 21/3 dar). Der erste Teil der beschriebenen Anordnung, der zwischen A und B liegt, stellt nun einen Grenzbeschleunigungsmesser nach Abb. 10/1a dar. Daraus folgt, daß das Tastgerät eine Grenze der Anwendbarkeit hat, die durch die Federkraft $k = c_{AB} x$ und die reduzierte Masse a' der Feder bestimmt wird: Sobald die Beschleunigung $\ddot u$ der zu messenden Bewegung größer wird als

$$\frac{k}{a'} = c_{AB}\frac{x}{a'} = x\,\omega_{AB}^2,$$

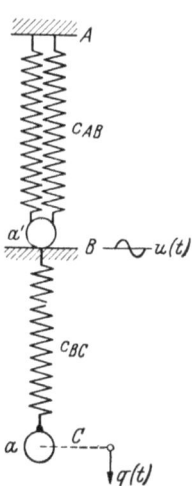

Abb. 21/6. Schema eines Tastgerätes.

wobei x den Federvorspannweg und ω_{AB} die Eigenfrequenz der Längsschwingungen der Feder c_{AB} bedeutet, entfällt der für eine Tastmessung notwendige Kraftschluß; der Fühler hebt sich ab, es zeigt sich ein Klappern, und das Gerät zeichnet nicht mehr eine der Bewegung $u(t)$ entsprechende Kurve $q(t)$ auf.

ε) Zusammenfassung. Wir stellen also noch einmal fest: Sobald ein fester Bezugspunkt vorhanden ist, ist die Messung eines Schwingweges mit Geräten möglich, die selbst nicht schwingungsfähig sind. Schwingungstechnische Überlegungen sind dann zunächst unnötig. Erst die Unvollkommenheiten des Gerätes schaffen eine schwingungsfähige Anordnung und zwingen damit zur Berücksichtigung schwingungsmechanischer Gesichtspunkte.

Die kinetischen Untersuchungen, die wir hier beim Schwingwegmesser mit Festpunkt angestellt haben, beziehen sich — wie gesagt — auf die Umsetzung „zweiter Stufe", die hier als einzige vorhanden ist. Eine solche zweite Stufe der Messung ist aber bei den früher erwähnten Geräten (Kraftmesser, Bewegungsmesser ohne Festpunkt) ebenfalls vorhanden. Dort war zwischen der gefühlten Größe und der Aufzeichnung eine vollkommene Proportionalität angenommen worden. Wollte man genauer zusehen, so müßten Überlegungen, die denen dieser Ziffer entsprechen, auch dort hinter den Überlegungen „erster Stufe" angeschlossen werden. Die Lehren der hier angestellten Untersuchung bestätigen die früher (in Ziff. 11) gemachten qualitativen Aussagen, daß eine Übersetzung um so getreuer arbeitet, je steifer und je trägheitsloser die Übertragungsglieder sind; darüber hinaus geben sie die quantitativen Maße für die Abweichung vom idealen Verhalten.

D. Rückblick auf die Messung periodischer Einwirkungen.

22. Zusammenstellung der Bezeichnungen und Beziehungen. Sowohl bei den Erörterungen über die Kraftmesser in Abschnitt IV A wie bei denen über die Bewegungsmesser in IV B und IV C hatten wir vorausgesetzt, daß die Einwirkungen [Störkräfte $p(t)$ oder Störbewegungen $u(t)$] rein periodisch verliefen, so daß sie in Harmonische entwickelt werden konnten. Die Erörterungen über die Verzerrungen der Anzeige waren ausschließlich unter dieser Voraussetzung angestellt worden. Ehe wir nun im folgenden (Abschn. V) das Verhalten der Geräte unter nicht-periodischen Einwirkungen behandeln, werfen wir noch einmal einen überschauenden Blick zurück auf ihr Verhalten unter periodischen Einwirkungen. Und zwar geben wir in dieser Ziffer eine systematische Zusammenstellung. Sie enthält die Bewegungsgleichungen und ihre partikularen Lösungen für harmonische Einwirkungen in komplexer Form; aus diesen kann man dann sofort ablesen, welche der (für die Amplitudenverzerrung maßgebenden) Vergrößerungsfunktionen und welche der (für die Phasenverzerrung maßgebenden) Phasenverschiebungs-Winkel bzw. -zeiten jeweils in Betracht kommen. In der folgenden Ziff. 23 beschäftigen wir uns dann rückschauend noch einmal mit der Frage, welche Ableitung (Weg, Geschwindigkeit usw.) bei einer Bewegungsmessung zweckmäßigerweise gemessen wird. Danach (Ziff. 24) erörtern wir noch kurz die Hilfsmittel, durch die ein Gerät für die Messung einer anderen Ableitung brauchbar gemacht werden kann.

Das einfache Schema, unter dem wir jedes der besprochenen Meßgeräte behandeln können, zeigen noch einmal die Abb. 22/1a

Ziff. 22. Zusammenstellung der Bezeichnungen.

A ist der Festpunkt (falls ein solcher vorhanden ist), B der „Gerätefußpunkt" (bei federgefesselten Geräten auch „Federfußpunkt" genannt); seine absolute Bewegung (Störbewegung, erregende oder anregende Bewegung) ist $u(t)$. C ist der Punkt, an den die Masse a reduziert wurde; seine Bewegung gegen den Festpunkt A ist $q(t)$, seine Bewegung gegen den Fußpunkt B ist $r(t) = q(t) - u(t)$.

Bei einem **Kraftmesser** greift an C die zu messende Kraft $p(t)$ an (oder sie wird dorthin reduziert). Der Fußpunkt B liegt dann fest, er ist mit A identisch, und es ist $u(t) \equiv 0$; von dem Weg $q(t)$ soll auf die Kraft $p(t)$ geschlossen werden. Die Differentialgleichung ist in (12.1) angegeben und dort auch integriert.

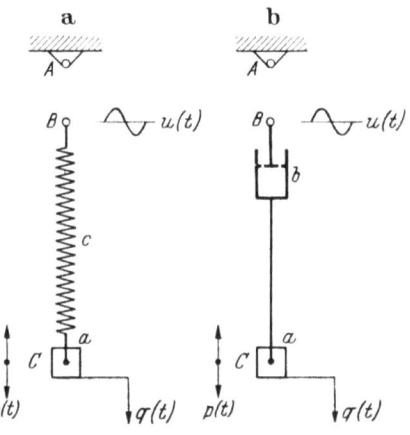

Abb. 22/1. Schema eines a) federgefesselten, b) reibungsgefesselten Meßgerätes.

Bei den **Bewegungsmessern** soll auf die Fußpunktsbewegung $u(t)$ oder eine ihrer Ableitungen geschlossen werden, und zwar bei den Geräten mit Festpunkt aus dem Absolutweg $q(t)$ oder aus der Absolutgeschwindigkeit $\dot q(t)$ der am Punkte C sitzenden Masse a, bei den Geräten ohne Festpunkt aus dem Relativweg $r(t)$ oder aus der Relativgeschwindigkeit $\dot r(t)$ des Punktes C gegenüber dem Fußpunkt B. Die Differentialgleichungen unterscheiden sich je nachdem, ob eine absolute oder eine relative Dämpfung angenommen wird. Die Tabelle 22/1 enthält alle möglichen Fälle (auch die seltenen B I b).

Aus der geordneten Differentialgleichung (bei der die Störglieder auf der rechten Seite allein stehen) kann man, falls man die Gln. (8.3) oder (20.5) beachtet, jeweils sofort ablesen, welche der komplexen Größen $\mathfrak{y}$ (für federgefesselte Geräte) oder $\hat{\mathfrak{y}}$ (für reibungsgefesselte Geräte) den Zusammenhang zwischen Einwirkung und Anzeige vermitteln. Kennt man aber die maßgebenden Größen $\mathfrak{y}_k$ oder $\hat{\mathfrak{y}}_k$, so kennt man auch die zugehörigen Vergrößerungsfunktionen, Phasenverschiebungswinkel und Phasen-

Tabelle 22/1. Schwingungsmeßgeräte unter periodischer Einwirkung.

Gerät	Differentialgleichung	Komplexe Amplitude
A. Federkraftmesser	$a\ddot{q} + b\dot{q} + cq = p(t)$	$\mathfrak{Q} = \dfrac{1}{c} \mathfrak{P} \mathfrak{y}_3$
B. Federgefesselter Bewegungsmesser		
I. Absolute Dämpfung		
a) mit Festpunkt		
α) wegfühlend	$a\ddot{q} + b\dot{q} + cq = cu$	$\mathfrak{Q} = \mathfrak{U} \mathfrak{y}_3$
β) geschwindigkeitsfühlend		$\mathfrak{Z}_{\dot{q}} = \xi_1 \mathfrak{B}_u \mathfrak{y}_3$
b) ohne Festpunkt		
α) wegfühlend	$a\ddot{r} + b\dot{r} + cr = -(a\ddot{u} + b\dot{u})$	$\mathfrak{R} = (-\mathfrak{U})(\mathfrak{y}_1 + \mathfrak{y}_2)$
1. Niedrige Eigenfrequenz (Wegmesser)		$\mathfrak{R} = \dfrac{\mathfrak{B}_u}{\omega}\left[\dfrac{i}{\eta}(\mathfrak{y}_1 + \mathfrak{y}_2)\right]$
2. Hohe Eigenfrequenz* (Geschwindigkeitsmesser)		
β) geschwindigkeitsfühlend		$\mathfrak{Z}_{\dot{r}} = (-\xi_1 \mathfrak{B}_u)(\mathfrak{y}_1 + \mathfrak{y}_2)$
1. Niedrige Eigenfrequenz (Geschwindigkeitsmesser)		$\mathfrak{Z}_{\dot{r}} = \xi_1 \dfrac{\mathfrak{B}}{\omega}\left[\dfrac{i}{\eta}(\mathfrak{y}_1 + \mathfrak{y}_2)\right]$
2. Hohe Eigenfrequenz* (Beschleunigungsmesser)		
II. Relative Dämpfung		
a) mit Festpunkt		
α) wegfühlend	$a\ddot{q} + b\dot{q} + cq = b\dot{u} + cu$	$\mathfrak{Q} = \mathfrak{U}(\mathfrak{y}_2 + \mathfrak{y}_3)$
β) geschwindigkeitsfühlend		$\mathfrak{Z}_{\dot{q}} = \xi_1 \mathfrak{B}_u (\mathfrak{y}_2 + \mathfrak{y}_3)$
b) ohne Festpunkt		
α) wegfühlend	$a\ddot{r} + b\dot{r} + cr = -a\ddot{u}$	$\mathfrak{R} = (-\mathfrak{U}) \mathfrak{y}_1$
1. Niedrige Eigenfrequenz (Wegmesser)		$\mathfrak{R} = \left(-\dfrac{1}{\omega^2}\mathfrak{B}\right)\mathfrak{y}_1$
2. Hohe Eigenfrequenz (Beschleunigungsmesser)		
β) geschwindigkeitsfühlend		$\mathfrak{Z}_{\dot{r}} = (-\xi_1 \mathfrak{B}_u) \mathfrak{y}_1$
1. Niedrige Eigenfrequenz (Geschwindigkeitsmesser)		$\mathfrak{Z}_{\dot{r}} = \left(-\xi_1 \dfrac{\mathfrak{B}}{\omega^3}\right) \mathfrak{y}_3$
2. Hohe Eigenfrequenz (Ruckmesser)		

Ziff. 22. Zusammenstellung der Bezeichnungen.

C. Reibungsgefesselter Bewegungsmesser ohne Festpunkt $|ar + br = -au$
α) wegfühlend
  1. Niedrige Abklingkonstante (Wegmesser) $\mathfrak{R} = (-\mathfrak{U})\,\hat{\mathfrak{y}}_1$
  2. Hohe Abklingkonstante (Geschwindigkeitsmesser) $\mathfrak{R} = \left(-\dfrac{\mathfrak{B}_u}{2\delta}\right)\hat{\mathfrak{y}}_2$
β) geschwindigkeitsfühlend
  1. Niedrige Abklingkonstante (Geschwindigkeitsmesser) $\mathfrak{Z}^{\cdot} = (-\xi_1\,\mathfrak{B}_u)\,\hat{\mathfrak{y}}_1$
  2. Hohe Abklingkonstante (Beschleunigungsmesser) $\mathfrak{Z}^{\cdot} = \left(-\xi_1\,\dfrac{\mathfrak{B}}{2\delta}\right)\hat{\mathfrak{y}}_2$

* Diese Fälle sind der systematischen Vollständigkeit wegen in die Tabelle aufgenommen. Sie führen nicht zu praktisch brauchbaren Geräten.

verschiebungszeiten. In der Tabelle ist ein Minuszeichen mit Hilfe von Klammern dann der Einwirkung beigesellt, wenn das Gerät die negative Einwirkung aufzeichnet.

Wir legen hier auch noch einmal klar, in welcher Weise wir die Wortbezeichnungen verwendet haben. Wir unterscheiden zunächst zwischen federgefesselten und reibungsgefesselten Geräten, je nachdem, in welcher Weise die Masse a (Punkt C) mit dem Gehäuse B verbunden ist. Sofern allerdings die federgefesselten Geräte eine Dämpfung (Relativdämpfung) aufweisen [vgl. etwa die Bewegungsgleichungen (17.1) und (17.2)], können sie auch als feder- und reibungsgefesselte Geräte betrachtet werden. Ein reibungsgefesseltes Gerät läßt sich andererseits auffassen als Grenzfall eines feder- und reibungsgefesselten (eines federgefesselten mit Dämpfung), bei dem die Federkraft sehr klein geworden ist.

Weiterhin unterscheiden wir zwischen wegfühlenden Geräten und geschwindigkeitsfühlenden Geräten je nachdem, ob die Anzeige proportional einer Weggröße (Längenweg oder Winkelweg) (Abb. 16/1a) oder aber der ersten Ableitung einer solchen (Abb. 16/1b) ist. Die Bezeichnungen Wegmesser, Beschleunigungsmesser usw. sollen dagegen angeben, auf welche physikalische Größe aus der Anzeige geschlossen werden soll. So sind z. B. unter den federgefesselten Bewegungsmessern (ohne Festpunkt) die Weg- und die Beschleunigungsmesser wegfühlende Geräte (vgl. Ziff. 17 und 18). Die federgefesselten geschwindigkeitsfühlenden Geräte (ohne Festpunkt) umfassen die beiden Typen der Geschwindigkeitsmesser und der Ruckmesser (Ziff. 19).

Schließlich merken wir noch einmal an, daß für die Anzeige z eines geschwindigkeitsfühlenden Gerätes

$$z = \xi_1 \dot{r} \quad \text{bzw.} \quad z_{ij} = \xi_1 \dot{q}$$

geschrieben ist je nachdem, ob sie der Relativgeschwindigkeit $\dot{r}$ oder der Absolutgeschwindigkeit $\dot{q}$ proportional ist.

23. Wegmessung und Beschleunigungsmessung.

In Ziff. 17 und 18 haben wir gezeigt, und aus der Tabelle in Ziff. 22 lesen wir es ebenfalls ab, daß federgefesselte wegfühlende Bewegungsmesser (ohne Festpunkt) entweder Wegmesser oder Beschleunigungsmesser darstellen. Um Wege zu messen, müssen die Geräte niedrige Eigenfrequenzen aufweisen, um Beschleunigungen zu messen, hohe. ,,Niedrig" oder ,,hoch" ist dabei stets zu verstehen als niedrig oder hoch im Vergleich zu den kleinsten oder größten Frequenzen, die in der periodischen Einwirkung vorhanden sind oder die darin beachtet werden müssen.

Es ist deshalb klar, daß bei hohen Frequenzen der Einwirkung Wege leicht zu messen sind, bei niedrigen Frequenzen aber Beschleunigungen, denn beide Male erhält man ,,milde" Bedingungen für die Abstimmung des Meßgerätes. Sollen dagegen bei niedrigen Frequenzen der Einwirkung Wege gemessen werden, so muß das Meßgerät besonders niedrig abgestimmt sein, sollen bei hohen Frequenzen der Einwirkung Beschleunigungen gemessen werden, so muß das Gerät besonders hoch abgestimmt sein. Beide Forderungen sind hart und lästig.

Eine besonders niedrige Eigenfrequenz eines Wegmessers erfordert entweder große Massen, wodurch das Gerät schwer und groß wird und sich als transportables Gerät nicht mehr eignet, oder besondere Maßnahmen zur Erzielung kleiner Rückstellkräfte (Astasierung, Labilitätspendel[1]). Für Seismometer macht man von beiden Maßnahmen in weiten Grenzen Gebrauch. Bei Meßgeräten für technische Zwecke erreicht man jedoch bald eine Grenze, die durch die Forderung gezogen wird, daß das Gerät handlich bleiben soll.

Eine hohe Eigenfrequenz für einen Beschleunigungsmesser ist an sich nicht schwer zu verwirklichen. Mit der Höhe der Eigenfrequenz nimmt aber (vgl. Ziff. 18) der Ausschlag ab, der zur Anzeige ausgenutzt werden kann. Eine hohe Eigenfrequenz des

---
[1] Vgl. I 32.

Ziff. 27. Das Verfahren der Entzerrung. 131

verfolgen. Dabei führen wir die Erörterungen an den federgefesselten, wegfühlenden Geräten mit „hoher" Eigenfrequenz durch; dazu zählen 1. Kraftmesser, 2. Wegmesser mit Festpunkt (und absoluter Dämpfung) und 3. Beschleunigungsmesser ohne Festpunkt (und relativer Dämpfung). Die Bewegungsgleichung nimmt in allen drei Fällen die Form

$$a\ddot{y} + b\dot{y} + cy = k(t) \qquad (27.1)$$

an, wobei y den gefühlten Ausschlag, also q oder r, vertritt. Um die das Gerät kennzeichnenden Größen ω und D in Evidenz zu setzen, kann man die Gl. (27.1) mit Hilfe der schon oft benutzten Beziehungen

$$\omega^2 = \frac{c}{a} \quad \text{und} \quad D = \frac{b}{2\sqrt{ac}}$$

auf die Form

$$\frac{1}{\omega^2}\ddot{y} + \frac{2D}{\omega}\dot{y} + y = \frac{1}{c}k(t) \qquad (27.1a)$$

bringen.

Die Störfunktion $k(t)$ lautet in den drei betrachteten Fällen der Reihe nach (wie man der Tabelle von Ziff. 22 entnimmt)

$$p(t), \quad cu(t) \quad \text{und} \quad -a\ddot{u}(t), \qquad (27.2)$$

so daß auf der rechten Seite von Gl. (27.1a) der Reihe nach eintritt:

$$\frac{1}{c}p(t), \quad u(t), \quad -\frac{1}{\omega^2}\ddot{u}(t). \qquad (27.2a)$$

Wir wollen Gl. (27.1a) nun aber nicht mehr als Differentialgleichung für die links stehende Funktion $y(t)$ auffassen, sondern wollen diese (nebst ihren Ableitungen) als gegeben voraussetzen und dann aus (27.1a) die Funktion $k(t)$ zu bestimmen suchen (vgl. Ziff. 26). Für die Störfunktion k selbst stellt (27.1a) keine Differentialgleichung, sondern eine endliche, und zwar lineare, Gleichung dar.

Falls ω sehr groß ist $\left(\text{so daß } \frac{\ddot{y}}{\omega^2} \ll y \text{ und } \frac{\dot{y}}{\omega} \ll y \text{ ist}\right)$, folgt aus (27.1a) einfach

$$y = \frac{1}{c}k(t), \qquad (27.3)$$

d. h. das Gerät zeichnet eine dem Verlauf der Einwirkung $k(t)$ proportionale Kurve y auf.

9*

Aber auch dann, wenn die Eigenfrequenz nicht so hoch liegt, daß die aufgezeichnete Kurve y selbst schon den Verlauf von $k(t)$ unverzerrt wiedergibt, liefert Gl. (27.1a) eine Anweisung, wie aus der Aufzeichnung $y(t)$ die Einwirkung $k(t)$ gefunden wird. Man differenziert die registrierte Kurve $y(t)$ einmal und ein zweites Mal; die erste Ableitung multipliziert man mit $\frac{2D}{\omega}$, die zweite mit $\frac{1}{\omega^2}$; schließlich addiert man alle drei Kurven. Die Summenkurve gibt $\frac{1}{c} k(t)$.

Wenn die Aufzeichnung erlaubt, eine graphische Differentiation genügend genau auszuführen, und wenn man dabei die Maßstäbe und Polweiten geeignet wählt, so ist die Arbeit ziemlich einfach: Wählt man für die erste Differentiation die Polweite H gleich

$$H = \frac{1}{\omega m_t} \qquad (27.4)$$

(wo m_t den Maßstab der Zeitachse bedeutet, angegeben z. B. in sec/cm), so erhält man als abgeleitete Kurve sogleich $\frac{\dot{y}}{\omega}$, die die Dimension von y hat und die im gleichen Maßstab m_y erscheint, der für y selber galt. Durch nochmalige Ausführung der graphischen Differentiation mit demselben Pol erhält man die Kurve $\frac{\ddot{y}}{\omega^2}$, wieder im Maßstab m_y. Multipliziert man noch die Ordinaten der ersten Ableitung $\frac{\dot{y}}{\omega}$ mit dem bekannten Wert $2D$ und addiert die drei Kurven y, $\frac{2D\dot{y}}{\omega}$ und $\frac{\ddot{y}}{\omega^2}$, so findet man den der Einwirkung proportionalen Wert $\frac{1}{c} k(t)$.

Die angegebenen Beziehungen zwischen Maßstäben und Polweiten wollen wir noch näher begründen. Bei jeder Auftragung in Diagrammform muß man unterscheiden zwischen
1. der aufzutragenden Größe $x, y, \ldots$,
2. der Auftragungsgröße $X, Y, \ldots$,
3. dem Maßstab $m_x, m_y \ldots$

Die aufzutragende physikalische Größe x, y hat die ihr zukommende Dimension, die Auftragungsgröße X, Y ist eine Strecke, die gewöhnlich in cm gemessen wird, der Maßstab m_x, m_y ist mit ihnen verbunden nach der Gleichung

$$x = X m_x, \quad y = Y m_y. \qquad (27.5)$$

Er hat demgemäß als Dimension den Quotienten aus der physikalischen

Ziff. 27.   Das Verfahren der Entzerrung.   133

Dimension der betreffenden Größe und einer Länge; danach richten sich auch die Einheiten.

Wird z. B. eine Länge nicht in natürlicher Größe, sondern im Verhältnis 10:1 aufgetragen, so wird der Maßstab $m_x = \frac{10 \text{ cm}}{1 \text{ cm}}$, für die Auftragung einer Zeit ergibt sich etwa ein Maßstab $m_t = \frac{1 \text{ sec}}{1 \text{ cm}}$.

Für die graphische Differentiation folgt aus der Abb. 27/1 die Beziehung

$$Z : H = \frac{dY}{dX}, \qquad (27.6)$$

wenn z die Ableitung $z = \frac{dy}{dx}$ bezeichnet.

Mit den aus (27.5) folgenden Beziehungen

$$dy = m_y dY, \quad dx = m_x dX,$$
$$z = m_z Z$$

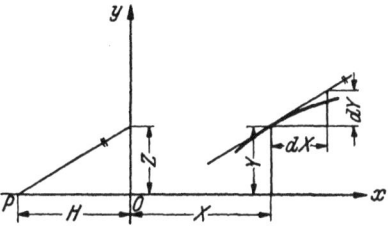

Abb. 27/1. Zur graphischen Differentiation.

kommt aus (27.6), wenn $z = \frac{dy}{dx}$ berücksichtigt wird,

$$m_z = \frac{1}{H} \frac{m_y}{m_x}. \qquad (27.7)$$

Soll nun, wie oben, statt der Kurve $\frac{dy}{dx}$ die Kurve $\frac{1}{\omega}\left(\frac{dy}{dx}\right)$ aufgezeichnet werden, so benötigt man den Maßstab

$$m_z = \frac{1}{\omega} \frac{1}{H} \frac{m_y}{m_x}. \qquad (27.7\text{a})$$

Damit dieser Maßstab m_z gleich dem Maßstab m_y der ursprünglichen Kurve wird, muß zwischen H, m_x und ω die Beziehung

$$\omega H m_x = 1 \qquad (27.7\text{b})$$

bestehen, die zu Gl. (27.4) führt.

Die beiden Abb. 27/2a und b zeigen die Durchführung einer solchen Entzerrung am Beispiel zweier Geräte. Das erste hat eine Eigenfrequenz von $\omega = 4/\text{sec}$, das zweite eine solche von $\omega = 1/\text{sec}$; beide weisen ein Dämpfungsmaß D = 0,7 auf. Der Maßstab der Zeitachse ist $m_t = \frac{1 \text{ sec}}{0,4 \text{ cm}}$. Die Ableitungen sind graphisch gebildet unter Beachtung des oben über die Maßstäbe Gesagten. Man erkennt, daß die entzerrenden Zusatzglieder im ersten Fall von geringer Bedeutung, im zweiten Fall dagegen schon bedeutsamer sind. Im ersten Fall stimmt die Aufzeichnung (1) noch fast mit der Einwirkung (5) überein, während im zweiten Fall die Aufzeichnung sich schon beträchtlich von der Kurve der Einwirkung unterscheidet.

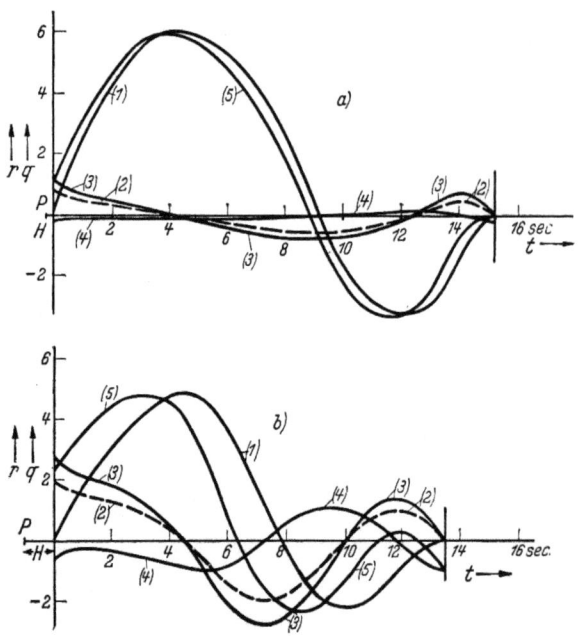

Abb. 27/2. Aufzeichnung (1) eines Schwingungsmessers mit hoher Eigenfrequenz bei nicht-periodischer Einwirkung (5).

Dabei bedeuten:

die Kurven	für den Kraftmesser	für den Bewegungsmesser mit Festpunkt	für den Bewegungsmesser ohne Festpunkt
(1) (Aufzeichnung)	q	q	r
(2)	$\dot{q}/\omega$	$\dot{q}/\omega$	$\dot{r}/\omega$
(3)	$2D\dot{q}/\omega$	$2D\dot{q}/\omega$	$2D\dot{r}/\omega$
(4)	$\ddot{q}/\omega^2$	$\ddot{q}/\omega^2$	$\ddot{r}/\omega^2$
(5) (Einwirkung)	$\dfrac{1}{c}p$	u	$-\dfrac{1}{\omega^2}\ddot{u}$

Im Beispiel a) ist $\omega = 4/\text{sec}$, $H = 0{,}1$ cm,
b) ist $\omega = 1/\text{sec}$, $H = 0{,}4$ cm.

β) **Federgefesselte, wegfühlende Geräte mit „niedriger" Eigenfrequenz.** Unter den Geräten, die eine niedrige Eigenfrequenz ω aufweisen, ist der Fall des Wegmessers ohne Festpunkt der wichtigste. Die Bewegungsgleichung hat, wie im oben

Ziff. 27. Das Verfahren der Entzerrung. 135

erörterten Fall 3, die folgende Form:

$$\ddot{r} + 2D\omega\dot{r} + \omega^2 r = -\ddot{u}. \tag{27.8}$$

Im Gegensatz zu jenem Fall soll hier jedoch nicht die rechts stehende Störfunktion $-\ddot{u}(t)$ selbst gemessen werden, sondern ihr zweites Integral, der Weg $-u$. Für die gesuchte Funktion $u(t)$ stellt (27.8) nun eine (besonders einfache) Differentialgleichung dar. Nach zweimaliger Integration kommt als ein partikulares Integral

$$\omega^2 \iint r\,dt\,dt + 2D\omega \int r\,dt + r = -u. \tag{27.9}$$

Weist das Gerät eine sehr niedrige Eigenfrequenz ω auf, so gibt die Anzeige r selbst schon den Weg $-u$ unverzerrt wieder. Sind die Bedingungen für unverzerrte Anzeige nicht erfüllt, so muß man die beiden Zusatzglieder, die hier in Form von Integralen auftreten, zur Aufzeichnung hinzufügen.

Wählt man für eine graphische Integration auch hier die Polweite zu

$$H = \frac{1}{\omega}\frac{1}{m_t}, \tag{27.10}$$

so gibt der erste Integrationsschritt die Kurve $\omega \int_0^t r\,dt$, der zweite die Kurve $\omega^2 \int_0^t\int_0^t r\,dt\,dt$. Die einmal integrierte Kurve wird noch mit 2 D multipliziert, sodann werden alle drei Kurven addiert. Die Summe stellt dann den einwirkenden Weg dar.

Die Abb. 27/3a und b zeigen wieder zwei Beispiele. Im ersten hat das Gerät eine Eigenfrequenz $\omega = \frac{1}{32}$/sec, im zweiten $\omega = \frac{1}{8}$/sec; beide Geräte haben das Dämpfungsmaß D = 0,7. Auch hier sieht man, daß die Korrekturglieder oder Entzerrungsglieder um so bedeutsamer sind, je mehr die Eigenfrequenz von dem Extremwert, der für unverzerrte Anzeige gilt, entfernt liegt: Die Anzeige des Gerätes mit der kleineren Eigenfrequenz erfordert nur geringe Korrekturen, die des Gerätes mit der größeren Eigenfrequenz schon erheblichere. Würde die Eigenfrequenz noch höher liegen, so erhielte man Aufzeichnungen, die mit der Einwirkung, die gemessen werden soll, überhaupt keine Ähnlichkeit mehr haben.

Die Richtigkeit der obigen Behauptung bezüglich der Maßstäbe folgt sofort aus Gl. (27.7), die den Zusammenhang zwischen den Maßstäben der abgeleiteten Kurve z, der ursprünglichen Kurve y und der unabhängig Veränderlichen x angibt. Nach m_y aufgelöst, kommt

$$m_y = H\, m_z\, m_x.$$

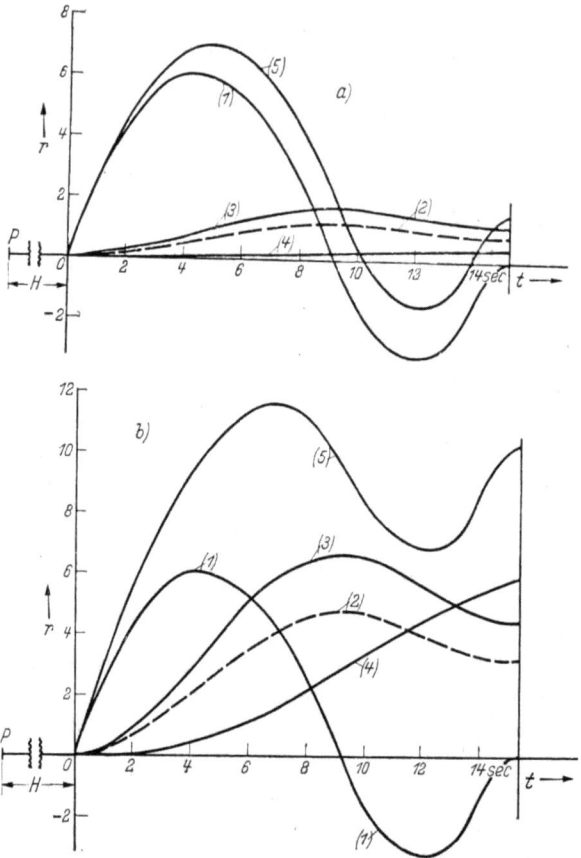

Abb. 27/3. Aufzeichnung (1) eines Bewegungsmessers ohne Festpunkt mit niedriger Eigenfrequenz bei nicht-periodischer Einwirkung (5).

Dabei bedeuten:

die Kurven	die Funktionen
(1) (Aufzeichnung)	r
(2)	$\omega \int r\, dt$
(3)	$2D\omega \int r\, dt$
(4)	$\omega^2 \int\int r\, dt\, dt$
(5) (Einwirkung)	$-u(t)$

Im Beispiel a) ist $\omega = \frac{1}{8\frac{1}{2}}/\text{sec}$, $H = 12{,}8$ cm,
b) ist $\omega = \frac{1}{8}/\text{sec}$, $H = 3{,}2$ cm.

Ziff. 27. Das Verfahren der Entzerrung. 137

Der Maßstab einer Kurve $y_1 = \omega y$ ist dann

$$m_{y_1} = \omega H m_x m_z.$$

Soll er gleich m sein, so muß [wie in (27.7b)] gelten

$$\omega H m_x = 1,$$

woraus die Behauptung (27.10) folgt.

γ) **Die übrigen Gerätearten.** Den bisherigen Erörterungen legten wir federgefesselte, wegfühlende Geräte zugrunde. Wie die Ergebnisse auf andere Gerätearten zu übertragen sind, läßt sich nun leicht überblicken. Handelt es sich um einen federgefesselten, aber geschwindigkeitsfühlenden Bewegungsmesser ohne Festpunkt, so nimmt die Bewegungsgleichung (27.8) mit

$$z = \xi_1 \dot{r}$$

die Form

$$\frac{1}{\omega^2}\ddot{z} + \frac{2D}{\omega}\dot{z} + z = -\frac{\xi_1}{\omega^2}\dddot{u} \qquad (27.11)$$

an.

Den oben angestellten analoge Grenzbetrachtungen liefern jetzt das Ergebnis, daß ein Bewegungsmesser ohne Festpunkt, wenn er hoch abgestimmt ist, den negativen Ruck $-\dddot{u}(t)$, wenn er niedrig abgestimmt ist, die negative Geschwindigkeit $-\dot{u}(t)$ mißt.

Weist das Gerät jedoch statt einer Federfesselung eine Reibungsfesselung auf, so lautet die Bewegungsgleichung

$$a\ddot{r} + b\dot{r} = -a\ddot{u}. \qquad (27.12)$$

Jetzt stehen nur zwei Glieder auf der linken Seite. Eine Entzerrung bedeutet hier die Hinzufügung nur eines weiteren Gliedes, das durch Bildung der Ableitung oder durch Integration aus der Aufzeichnung hervorgeht.

Für wegfühlende Geräte kommt aus (27.12) mit $2\delta = \dfrac{b}{a}$

$$\frac{1}{2\delta}\ddot{r} + \dot{r} = -\frac{1}{2\delta}\ddot{u}, \qquad (27.12\text{a})$$

für geschwindigkeitsfühlende mit $z = \xi_1 \dot{r}$

$$\frac{1}{2\delta}\dot{z} + z = -\frac{\xi_1}{2\delta}\ddot{u}. \qquad (27.12\text{b})$$

Untersuchen wir, was ein Bewegungsmesser ohne Festpunkt nun anzeigt, so finden wir, daß bei sehr niedriger „Abstimmung"

$\left(\frac{\ddot r}{2\delta} \gg \dot r\right)$ und Wegfühlung eine dem negativen Weg $-u$, bei Geschwindigkeitsfühlung eine der negativen Geschwindigkeit $-\dot u$ proportionale Anzeige erfolgt; bei sehr hoher ,,Abstimmung" $\left(\frac{\ddot r}{2\delta} \ll \dot r\right)$ kommt eine der negativen Geschwindigkeit $-\dot u$ oder der negativen Beschleunigung $-\ddot u$ proportionale Anzeige zustande.

δ) **Allgemeine Ergebnisse.** Alles, was wir über den Einfluß der ,,Abstimmung" auf die Treue der Anzeige eines Meßgerätes für die periodischen Einwirkungen auf anderem Wege erfahren hatten, erweist sich, wie die Untersuchungen dieser Ziffer zeigen, auch für nicht-periodische Einwirkungen als richtig. Für Bewegungsmesser ohne Festpunkt gibt Tabelle 27/1 zusammenfassend darüber Auskunft, welcher Ableitung der Fußpunktsbewegung $u(t)$ die Anzeige eines sehr hoch oder sehr niedrig abgestimmten Gerätes jeweils proportional ist.

Tabelle 27/1.

	federgefesselt		reibungsgefesselt	
	wegfühlend	geschwindigkeitsfühlend	wegfühlend	geschwindigkeitsfühlend
hoch abgestimmt	Beschleunigung	Ruck	Geschwindigkeit	Beschleunigung
niedrig abgestimmt	Weg	Geschwindigkeit	Weg	Geschwindigkeit

Dabei ist jedoch zu beachten, daß wegen des negativen Zeichens auf der rechten Seite der Differentialgleichung (27.8) jeweils eine der negativen Fußpunktsbewegung proportionale Größe aufgezeichnet wird.

28. Stoßmessung mit einem Bewegungsmesser. Die Messung kurzzeitig einwirkender Kräfte und Beschleunigungen gehört zu den schwierigeren Aufgaben der Schwingungsmeßtechnik. Kraftmesser und Beschleunigungsmesser sind hoch abgestimmte Geräte; je kürzer die Dauer einer Einwirkung ist, um so höher muß die Eigenfrequenz des Meßgerätes liegen. Hohe Eigenfrequenz bedeutet aber geringe Empfindlichkeit. Wir haben die Schwierigkeiten, denen man in diesem Fall begegnet, schon erörtert. Außerdem können bei sehr kurzer Dauer der Einwirkung die im Schrieb

Ziff. 28. Stoßmessung mit einem Bewegungsmesser. 139

mit enthaltenen **freien** Bewegungen des Schwingers im Meßgerät gegenüber der eigentlich erzwungenen Bewegung oft nicht mehr vernachlässigt werden, da sie nicht schnell genug abklingen. Handelt es sich jedoch um den Extremfall einer kurzzeitigen Kraftwirkung, um einen **Stoß**, so wird die Meßaufgabe wieder einfach, da man sich dann um die Einzelheiten des zeitlichen Ablaufs nicht mehr zu kümmern braucht. Während bisher alle Schlüsse über die Einwirkung aus der eigentlich erzwungenen Bewegung gezogen wurden, sind es nun gerade die (durch den Stoß ausgelösten) **freien** Bewegungen des Schwingers im Meßgerät, aus denen auf die Einwirkung geschlossen wird.

Ein Stoß mißt das Zeitintegral

$$S = \int K\,dt \qquad (28.1)$$

des Kraftverlaufs. Nach bekannten Sätzen der Mechanik bewirkt ein Stoß eine Impulsänderung des gestoßenen Körpers von gleichem Betrag

$$m(v_2 - v_1) \equiv \Delta J = S. \qquad (28.2)$$

Bei bekannter Masse m des Körpers, auf den ein Stoß wirkt, gibt der Geschwindigkeitssprung $v_2 - v_1 = v_0$ ein Maß für den Stoß ab. Diese Geschwindigkeitsdifferenz kann nun aber mit einem Schwingungsmeßgerät, und zwar einem federgefesselten Bewegungsmesser ohne Festpunkt bestimmt werden, wenn der gestoßene Körper, auf dem das Meßgerät befestigt ist, vor dem Stoß in gleichförmiger Bewegung mit der Geschwindigkeit v_1 begriffen ist, während der Schwinger im Meßgerät relativ zu dem Körper in Ruhe ist (also ebenfalls die Absolutgeschwindigkeit v_1 hat). Durch den Geschwindigkeitssprung des gestoßenen Körpers werden nämlich freie (Relativ-)Bewegungen des Schwingers im Gerät ausgelöst. Aus ihnen läßt sich auf die Größe des Geschwindigkeitssprunges und damit auf die Stärke des Stoßes schließen. Wir führen die Betrachtung zunächst unter der Voraussetzung durch, daß der Stoß abgelaufen ist, ehe der Schwinger sich (relativ zum gestoßenen Körper) merklich in Bewegung gesetzt hat, und daß auch nach dem Stoß der gestoßene Körper wieder eine konstante Geschwindigkeit (jetzt v_2) hat.

Die allgemeine Form der Bewegungsgleichung eines (federgefesselten) Bewegungsmessers ohne Festpunkt [Gl. (17.2)] verliert im vorliegenden Fall ihr Störglied und lautet

$$a\ddot{r} + b\dot{r} + cr = 0. \tag{28.3}$$

Die Anfangsbedingungen für die durch den Stoß hervorgerufene freie (Relativ-)Bewegung $r = q - u$ des Schwingers sind:

$$r(0) = 0, \quad \dot{r}(0) = -v_0.$$

Die erste sagt aus, daß die Feder anfangs unbeansprucht war; die zweite ergibt sich daraus, daß die Geschwindigkeit v_2, die der gestoßene Körper nach dem Stoß hat, Anfangsgeschwindigkeit $\dot{u}(0)$ der (Absolut-)Bewegung $u(t)$ des Federfußpunktes B ist (Abb. 16/1), während die an den Federendpunkt C reduzierte Masse a des Schwingers die (absolute) Anfangsgeschwindigkeit $\dot{q}(0) = v_1$ hat.

Handelt es sich um ein geschwindigkeitsfühlendes Gerät, so beginnt es seine Aufzeichnung mit einem Ausschlag z, der proportional v_0 ist, so daß der Anfangsausschlag selbst ein Maß für den Stoß ist. Handelt es sich dagegen um ein wegfühlendes Gerät, so ist die Steigung der Ausschlaglinie zu Anfang der Relativbewegung ein Maß für die Geschwindigkeit v_0. Diese Steigung läßt sich im Diagramm jedoch nicht leicht auswerten. Man zieht vor, aus Ausschlägen, insbesondere aus Maximalausschlägen, Schlüsse zu ziehen, da die Maximalausschläge genauer erfaßt werden können.

Die Frage, die sich hier stellt, lautet also: Wie kann man aus dem ersten Maximalausschlag $r_1 = |r(t_1)|$ der freien Bewegung eines (gedämpften) wegfühlenden Bewegungsmessers auf die erteilte Anfangsgeschwindigkeit $\dot{r}(0) = -v_0$ schließen[1]?

Wäre das Gerät ungedämpft, so ergäbe sich die Antwort einfach zu

$$r_1 = \frac{|v_0|}{\omega} \quad \text{oder} \quad |v_0| = r_1 \omega. \tag{28.4}$$

Ist jedoch Dämpfung vorhanden, so kommt noch ein vom Dämpfungsmaß D abhängiger Korrekturfaktor $f(D)$ hinzu:

$$|v_0| = r_1 \omega f(D). \tag{28.4a}$$

Um die Ermittlung dieses Faktors $f(D)$ wollen wir uns jetzt bemühen. Wir setzen fürs erste voraus, die Dämpfung des Gerätes

---

[1] Vgl. auch E. Mettler und K. Triebnig: Mitt. Gutehoffn.-Hütte-Konzern Bd. 7 (1939) S. 231.

Ziff. 28. Stoßmessung mit einem Bewegungsmesser. 141

sei so beschaffen, daß $D < 1$ ist. Dann ist die (Relativ-)Bewegung $r(t)$ des aus der Anfangslage $r(0) = 0$ mit der Geschwindigkeit $\dot{r}(0) = -v_0$ angestoßenen Schwingers gegeben durch

$$r(t) = -\frac{v_0}{\nu} e^{-\delta t} \sin \nu t, \qquad (28.5)$$

wobei

$$\delta = \omega D, \quad \nu = \omega \sqrt{1 - D^2} \qquad (28.5\text{a})$$

ist. Der Maximalausschlag r_1 tritt zu jener Zeit t_1 ein, für die $\dot{r}(t)$ zum erstenmal verschwindet. Diese Bedingung liefert

$$\cos \nu t_1 = D \quad \text{und} \quad \sin \nu t_1 = \sqrt{1 - D^2}. \qquad (28.6)$$

Durch Einsetzen in (28.5) erhält man

$$r_1 = \frac{|v_0|}{\omega} e^{\frac{-D}{\sqrt{1-D^2}} \arccos D} \qquad (28.7\text{a})$$

oder

$$|v_0| = r_1 \omega \cdot e^{\frac{D}{\sqrt{1-D^2}} \arccos D} \qquad (28.7\text{b})$$

Der gesuchte Korrekturfaktor lautet also

$$f(D) = e^{\frac{D}{\sqrt{1-D^2}} \arccos D} \qquad (28.8)$$

In dieser Form gilt er für $0 < D < 1$.

Aber auch wenn $D > 1$ ist, kann man auf die beschriebene Weise messen. Der Schwinger macht dann eine Kriechbewegung mit einer Umkehrung der Bewegung. Aus dem Betrag r_1 des Umkehrausschlags $r(t_1)$ kann wieder auf die Anfangsgeschwindigkeit $\dot{r}(0) = -v_0$ geschlossen werden. Die Rechnung verläuft ganz analog:

$$r(t) = -\frac{v_0}{\mu} e^{-\delta t} \mathfrak{Sin}\, \mu t \qquad (28.5')$$

mit

$$\mu = \omega \sqrt{D^2 - 1}. \qquad (28.5\text{a}')$$

Die Umkehrzeit wird

$$t_1 = \frac{1}{\mu} \mathfrak{Ar}\,\mathfrak{Cof}\, D, \qquad (28.6')$$

der Umkehrausschlag

$$r(t_1) = -\frac{v_0}{\omega} e^{-\frac{\delta}{\mu} \mathfrak{Ar}\,\mathfrak{Cof}\, D}; \qquad (28.7\text{a}')$$

damit wird
$$f(D) = e^{\frac{D}{\sqrt{D^2-1}} \operatorname{Ar}\mathfrak{Cof} D} \tag{28.8'}$$

Der Fall $D = 1$ geht durch Grenzübergang aus beiden betrachteten Fällen hervor; es ist $f(1) = e$.

Zeichnet man sich den Verlauf des Korrekturfaktors $f(D)$ auf, so sieht man, daß die Funktion fast linear ist. Ihre Steigung ist

$$f'(0) = \frac{\pi}{2} = 1{,}57\,; \qquad f'\!\left(\tfrac{1}{2}\sqrt{2}\right) = 1{,}77\,;$$

$$f'(1) = \frac{2}{3}\,e = 1{,}81\,; \qquad f'(\infty) = 2\,.$$

Für alle praktischen Zwecke genügt es, die Funktion durch die Gerade zu ersetzen, die durch die Punkte 1 (für $D = 0$) und e (für $D = 1$) geht, die also die Gleichung besitzt:

$$\bar{f}(D) = 1 + (e-1)\,D = 1 + 1{,}72\,D. \tag{28.9}$$

(Abb. 28/1). Die Gerade $\bar{f}(D)$ ersetzt die Kurve $f(D)$ bis zum Werte $D = 1{,}25$ mit einem Fehler von weniger als 3%.

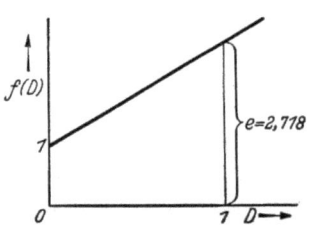

Abb. 28/1. Verlauf des Faktors $f(D)$.

Damit haben wir alle Hilfsmittel in der Hand, um aus dem ersten Maximalwert des Schriebes eines wegfühlenden Gerätes auf die Anfangsgeschwindigkeit zu schließen, gleichgültig, wie groß die Eigenfrequenz ω und die Dämpfung D ist. Die Messung wird jedoch um so genauer, je kleiner D ist, während die Eigenfrequenz, d. h. die Frage, ob man einen „Wegmesser" oder „Beschleunigungsmesser" verwenden soll, sich, wie Gl. (28.4a) zeigt, zweckmäßig nach der Größe von v_0 richtet.

Die obigen Überlegungen sind denen analog, die bei einem ballistischen Pendel angestellt werden, wo ebenfalls aus einem Maximalausschlag auf eine Anfangsgeschwindigkeit als Maß für einen Stoß geschlossen werden soll.

In den bisherigen Rechnungen hatten wir die Stoßdauer zu Null angenommen. Vorbedingung für die Zulässigkeit der angestellten Betrachtungen ist also, wir betonen das noch einmal, daß die Stoßzeit sehr klein ist gegenüber der (Eigen-)Schwingungsdauer des Gerätes, oder anders ausgedrückt: Der Stoß muß vorbei

Ziff. 28. Stoßmessung mit einem Bewegungsmesser.

sein, ehe sich der Schwinger im Meßgerät merklich in Bewegung gesetzt hat.

Wir wollen nun aber noch überlegen, wie die Ergebnisse abgeändert werden, wenn wir die Endlichkeit der Stoßzeit berücksichtigen. Der Einfachheit halber wollen wir dabei ein ungedämpftes Meßgerät voraussetzen. Die Annahme, daß vor Beginn und nach Aufhören des Stoßvorganges die Geschwindigkeit $\dot u$ der einwirkenden Bewegung konstant sei, wollen wir beibehalten. Die Stoßzeit sei T_s. Der Stoß beginne bei $t = 0$.

Über die Art, wie die Geschwindigkeit $\dot u$ während des Stoßvorganges von dem Wert v_1 in den Wert v_2 übergeht, müssen wir nun irgendwelche Voraussetzungen machen. Wir führen die Rechnung unter zwei Annahmen durch; im Intervall $0 \leq t \leq T_s$ sei die Geschwindigkeit

I) $\quad \dot u = v_1 + \dfrac{v_2 - v_1}{T_s} t \quad$ [Abb. 28/2 Kurve (I)],

II) $\quad \dot u = \dfrac{v_1 + v_2}{2} + \dfrac{v_2 - v_1}{2} \cos\pi \dfrac{t - T_s}{T_s} \quad$ [Abb. 28/2 Kurve (II)].

[Kurve (0) in Abb. 28/2 zeigt den schon erledigten Fall des „harten" Stoßes].

Für den Fall I) zeigen wir den Verlauf der Rechnung im einzelnen.

Da $\dot u$ als stetige Funktion von t vorausgesetzt ist, sind die Anfangsbedingungen für die im Zeitpunkt $t = 0$ einsetzende Relativbewegung

$$r(0) = 0, \quad \dot r(0) = 0. \qquad (28.10)$$

Für $t > 0$ bis zum Zeitpunkt $t = T_s$ gilt die Differentialgleichung

Abb. 28/2. Verlauf der Geschwindigkeit $\dot u$ während der Stoßzeit T_s.

$$\ddot r + \omega^2 r = -\ddot u \quad \text{mit} \quad \ddot u = \dfrac{v_2 - v_1}{T_s}. \qquad (28.11)$$

Ihr partikulares Integral ist

$$r_p(t) = \text{const} = R_p \quad \text{mit} \quad R_p = -\dfrac{1}{\omega^2} \cdot \dfrac{v_2 - v_1}{T_s}. \qquad (28.12)$$

Für das vollständige Integral, $r = r_p + r_h$, erhalten wir daher unter Beachtung der Anfangsbedingungen (28.10):

$$r(t) = R_p (1 - \cos\omega t). \qquad (28.13)$$

V. Kraftmessung und Bewegungsmessung. Ziff. 28.

Vom Zeitpunkt $t = T_s$ ab geht diese Funktion (da von jetzt an $\ddot{u} \equiv 0$ ist) über in

$$r(t) = R_h \cos(\omega t + \alpha_h). \tag{28.14}$$

Wegen des stetigen Verlaufes von u und $\dot{u}$ erfolgt der Übergang sowohl für r selbst als auch für $\dot{r}$ stetig, d. h., die Integrationskonstanten R_h und α_h bestimmen sich aus den beiden Gleichungen

$$\left.\begin{array}{l} R_h \cos(\omega T_s + \alpha_h) = R_p (1 - \cos \omega T_s), \\ R_h \sin(\omega T_s + \alpha_h) = -R_p \sin \omega T_s. \end{array}\right\} \tag{28.15}$$

Uns interessiert hier nur die Amplitude, R_h, die ja bei fehlender Dämpfung gleich dem Maximalausschlag r_1 der freien Relativbewegung (nach dem Stoß) ist, aus welchem wir die Geschwindigkeitsdifferenz $|v_0| = |v_2 - v_1|$ bestimmen wollen. Wir erhalten schließlich für diese:

$$|v_0| = \omega R_h \varphi_I \quad \text{mit} \quad \varphi_I = \frac{\omega T_s/2}{\sin \omega T_s/2}. \tag{28.16}$$

Im Fall II) verläuft die Rechnung ganz analog. Man findet dort:

$$|v_0| = \omega R_h \varphi_{II} \quad \text{mit} \quad \varphi_{II} = \frac{|1 - (\omega T_s/\pi)^2|}{\cos \omega T_s/2}. \tag{28.17}$$

Die neuerlichen Korrekturfaktoren φ_I und φ_{II} verlaufen für kleine Argumente ωT_s bzw. T_s/T (Stoßzeit/Eigenschwingdauer des Ge-

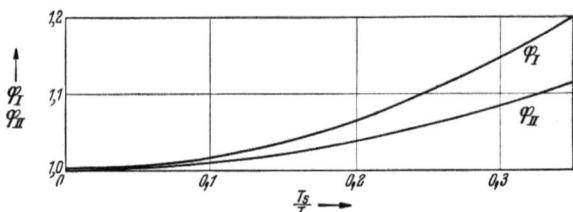

Abb. 28/3. Verlauf der Korrekturfaktoren φ.

rätes) flach in der Nähe des Wertes Eins. Sie können durch die Entwicklungen

$$\varphi_I \approx 1 + \frac{\pi^2}{6}\left(\frac{T_s}{T}\right)^2 \tag{28.18a}$$

und

$$\varphi_{II} \approx 1 + \left(\frac{\pi^2}{2} - 4\right)\left(\frac{T_s}{T}\right)^2 \tag{28.18b}$$

Ziff. 28. Stoßmessung mit einem Bewegungsmesser.

ersetzt werden. Den Verlauf zeigt Abb. 28/3. Man erkennt z. B., daß auch dann, wenn die Stoßdauer $^1/_{10}$ der Eigenschwingdauer des Meßgerätes beträgt, der Fehler in der vereinfachten Rechnung (bei Annahme der Stoßzeit Null) nicht größer als 1,7% wird. Wir kennen nun zweierlei Korrekturfaktoren, erstens den Faktor $f(\mathsf{D})$, der die Dämpfung berücksichtigt, zweitens den Faktor φ, der die endliche Stoßdauer berücksichtigt. Wie groß der Faktor wird, wenn sowohl Dämpfung wie endliche Stoßdauer erfaßt werden soll, ist nur durch eine verwickelte Rechnung zu finden. Für kleine Werte der Dämpfung und der Stoßzeit kommen die beiden Einflüsse jedoch unabhängig zur Geltung, so daß

$$|v_0| = r_1 \omega f(\mathsf{D}) \varphi\left(\frac{T_s}{T}\right) \tag{28.19}$$

wird.

Liste der Formelzeichen.

Zeichen, die nur gelegentlich und vorübergehend benutzt werden, sind in die Liste nicht aufgenommen; sie sind an der Stélle des Auftretens erklärt.

Zeichen	Bedeutung
a	Masse
$\mathfrak{a}$	Diagrammvektor des Ausschlags
A	Amplitude des Ausschlags
A	(in den Abbildungen): Festpunkt
$\mathfrak{A}$	komplexe Amplitude des Ausschlags
b	Dämpfungsfaktor
B	Amplitude der Beschleunigung, in Ziff. 5 auch eines Ausschlags
$\mathfrak{B}$	komplexe Amplitude der Beschleunigung
B	(in den Abbildungen): Fußpunkt mit der Bewegung $u(t)$
c	Federzahl
C	(in den Abbildungen): Endpunkt mit der Bewegung $q(t)$
d	statische Durchsenkung, statischer Ausschlag $d = \dfrac{G}{c}$
D	Dämpfungsmaß[1] [s. Gl. (6.5)]
f	Frequenz (Eigenfrequenz) (in Hertz)
f	Funktionszeichen
F	Erregerfrequenz (in Hertz)
F	Fehler (der Vergrößerungsfunktion V)
h	Einflußzahl
$\mathfrak{h}$	kinetische Einflußzahl
H	Polweite bei graphischer Differentiation oder Integration
i	imaginäre Einheit
k	Augenblickswert einer Kraft
m	Masse (in Sonderfällen)
m_x, m_y	Maßstäbe
p	Augenblickswert einer Kraft (insbesondere einer Erregerkraft)
P	Amplitude der Erregerkraft
$\mathfrak{P}$	komplexe Amplitude der Erregerkraft
q	Augenblickswert eines Ausschlags (Längenausschlag oder Winkelausschlag)
Q	Amplitude des Ausschlags
$\mathfrak{Q}$	komplexe Amplitude des Ausschlags
r	Relativausschlag $r = q - u$
R	Amplitude des Relativausschlags
$\mathfrak{R}$	komplexe Amplitude des Relativausschlags
s	Kolbenweg beim Indikator

[1] In Schwingungslehre I mit δ bezeichnet.

Liste der Formelzeichen.

Zeichen	Bedeutung
s	halbe Sperrzone $s = \dfrac{R}{c}$ bei Anwesenheit fester Reibung
t	Zeit
t_α, t_ε	Phasenverschiebungszeit
T	Periode
u	Augenblickswert eines Erregerausschlags
U	Amplitude des Erregerausschlags
$\mathfrak{U}$	komplexe Amplitude des Erregerausschlags
v	Geschwindigkeit
V	Amplitude einer Geschwindigkeit
$\mathfrak{V}$	komplexe Amplitude einer Geschwindigkeit
V	Vergrößerungsfunktionen
w	Augenblickswert des Ruckes
W	Amplitude des Ruckes
$\mathfrak{W}$	komplexe Amplitude des Ruckes
x	Federvorspannweg (bei Grenzbeschleunigungsmessern und Tastgeräten)
y	Ausschlag
$\mathfrak{y}$	komplexe reduzierte kinetische Einflußzahl
z	Augenblickswert der Anzeige (insbesondere eines geschwindigkeitsfühlenden Gerätes)
Z	Amplitude der Anzeige
$\mathfrak{Z}$	komplexe Amplitude der Anzeige
α	Phasenverschiebungswinkel, Argument einer komplexen Zahl
γ	Voreilwinkel (positiver Phasenverschiebungswinkel)
δ	Abklingkonstante[1] [vgl. (6.5)]
ε	Nacheilwinkel (negativer Phasenverschiebungswinkel)
ζ	Abszisse der Diagramme [vgl. (8.10)]
η	Frequenzverhältnis $\eta = \dfrac{\Omega}{\omega}$
ϑ	logarithmisches Dekrement[2]
μ	$\omega\sqrt{D^2 - 1}$
ν	$\omega\sqrt{1 - D^2}$
ξ_0	Übersetzung, statische Vergrößerung, Indikatorvergrößerung (bei wegfühlenden Geräten)
ξ_1	Übersetzung, Übertragungsmaßstab (bei geschwindigkeitsfühlenden Geräten)
σ	Spannung
τ	relative Phasenverschiebungszeit
φ	Phasenwinkel
ω	Winkelgeschwindigkeit, Kreisfrequenz, insbesondere einer Eigenschwingung
Ω	Kreisfrequenz einer Erregerschwingung

[1] In Schwingungslehre I mit λ bezeichnet.
[2] In Schwingungslehre I mit $2\mathrm{D}$ bezeichnet.

Namen- und Sachverzeichnis.

AEG 47.
ALLENDORFF, F. 5, 6, 46, 115.
Amplitude 11.
—, komplexe 15, 25.
Amplitudenverzerrung 57, 81, 130.
Analyse, harmonische 124.
Archiv für technisches Messen V, 31.
Argument einer komplexen Zahl 30.
Askania 56, 115.
Astasierung 86, 122.
Auftragungsgröße 132.
Ausgleichsvorgang 25, 70, 125.
Ausschaltvorgang 25.
Ausschwingvorgang 25.

Beben 77.
BENDEMANN, F. 46.
Beschleunigungsamplitude 17.
Beschleunigungsmesser 1, 92, 120.
— ohne Festpunkt 131.
Beschleunigungsmessung 122.
Bewegung, absolute 77.
—, erzwungene 24, 125.
—, relative 77.
Bewegungsmesser 1, 120, 138.
—, geschwindigkeitsfühlende 137.
— mit Festpunkt 110.
— ohne Festpunkt 76.
Bewegungsmessung 42, 54.
BLAESS, V. 91.
BÖGEL, K. 23.
BÖHM, W. 98, 128.
Bolometer 7.
BOSCH, R. 5, 6, 46, 115.
BUSEMANN, A. 4.
BRANDT, R. 44.

CUMME, T. 47.

Dämpfung, günstigste 61.
Dämpfungskraft 21, 27.
Dämpfungsmaß 22, 27, 59.
Dehnungsmesser 3, 89, 113.

DE JUHASZ-GEICER 70.
Dekrement, logarithmisches 22.
Differentialgleichung, lineare 20, 24.
—, verkürzte 24.
Differentiation, graphische 132.
Drehspiegel 4.
Dreikomponenten-Erschütterungsmesser Askania 88.
Druckdose 46.
DVL (Deutsche Versuchsanstalt für Luftfahrt in Berlin-Adlershof) 6, 44, 103.
—-Glimmlampen-Indikator 44.
—-Torsiograph 83.
Dynamik der Schwingungen 19.

Eigenfrequenz 24, 27, 59.
Einflußzahl 20.
—, kinetische 27.
—, reduzierte kinetische 28.
Einschaltvorgang 24.
Einschwingvorgang 24, 125.
Einwirkung 131.
—, nichtperiodische 128.
—, periodische 54, 118.
Elektrodynamischer Effekt 8.
Empfindlichkeit 54, 59, 80, 91, 123.
Entzerrung 128.
—, Verfahren der 130.
Erregerfrequenz 24, 27.
Erregerkraft 23, 27.
Ersatzbild 19.
— eines Kraftmessers 50.
Erschütterungsaufnehmer, Philips 97, 125.
Erschütterungsmesser, Askania 5.

Fahrzeug, Luft- 77.
—, See- 77.
—, Straßen- 77.
Feder 20, 42.
Federfesselung 120.
Federkraft 23, 27, 45.

Namen- und Sachverzeichnis. 149

Federkraftmesser 48, 54, 120, 129.
Federkraftmethode 42.
Federvorspannweg 45.
Federwaage 48.
Federzahl 20.
Fesselung 77.
Festpunkt 76.
Flüssigkeitsdämpfer 21.
FÖPPL, O. 4.
FÖTTINGER, H. 91.
Fourier-Analyse 10.
Fouriersches Theorem 10, 23.
Frahmscher Zungenfrequenzmesser 56.
FREISE, H. 6, 87.
Frequenz 10.
Frequenzverhältnis 27.
Fußpunktsanregung 38.

GEIGER, J. IV, 87, 89.
Geräte, federgefesselte 76, 79, 121, 130.
—, geschwindigkeitsfühlende 76, 94, 98, 121.
—, reibungsgefesselte 76, 98, 121.
—, wegfühlende 76, 79, 98, 121, 130.
Geschwindigkeitsmesser 1, 94, 120.
Glimmlampe 6, 45.
Glühlampe 6.
Grenzbeschleunigungsmesser 44, 116, 124.
Grenzkraftmesser 44.
Grenzkraftmessung 43.
Größe, aufzutragende 132.
—, gefühlte 110, 129.
—, zu messende 110, 128, 129.
GRUNMACH, L. 45.

Hebelwaage 42.
HERTZ 11.
HEYMANN 98.
Höchstdruckmesser 44.
Hookesches Gesetz 48.

Indikator 51, 69.
Indikatorvergrößerung 54.
Indizierung 44.

Kapillarschreibfeder 5.

Kathodenstrahloszillograph 4.
Kinetik der Schwingungen 19.
Kleinstschwingungsschreiber 87.
Klirrfaktor 58.
KOCH, H. W. 128.
Kohledruckbeschleunigungsmesser 94.
Kohledruckgeräte 123.
Kohledruckverfahren 7, 54, 94.
Kompensationsmethoden 42.
KÖNIG, H. 10.
Kraftmesser 1, 42, 131.
Kraftmessung 42, 54.
—, rückwirkungsarme 49.
—, wegarme 49.
Kreisbewegung, erzeugende 13, 26.
Kreisfrequenz 11.
Kriechbewegung 21, 24.
Kriechvorgänge 10.
Kreuzschleifenkurbel 13.

Labilitätspendel 86, 122.
LANGER, P. 46.
LEHMANN u. MICHELS 87, 89.
LEHR, E. IV, 46, 114.
Lösung, partikulare 25.
Luftfahrtforschungsanstalt Graf Zeppelin 104.
LUX, F. 56.

Magnetostriktiver Effekt 7, 8.
Magnetostriktionseffekt 114.
MAIHAK 3.
MAJER, R. 104.
Masse, reduzierte 53, 59.
Massenkrafterregung 36.
Maßstab 132.
MEISTER, H. J. 94, 114.
Meßkeil 4.
Meßsaite, schwingende 3.
METTLER, E. 140.
MEYER, A. 113.
—, E. 98, 128.
—-HONEGGER 113.
MÜLLER, O. 88.

Nacheilwinkel 12, 30.
Nomogramm 18.

150 Namen- und Sachverzeichnis.

Nullphasenwinkel 11.
Nullvektor 15.

Ortskurventheorie 26.
Oszillograph 1, 51, 65, 69.
—, Kathodenstrahl- 1.
—, Schleifen- 1.

Pallograph 89.
Parallelschaltung 21.
Pendel 19.
—, ballistisches 142.
Periode 9.
PFLIER, P. M. 2, 44, 94.
Phase 9, 11.
Phasenverschiebungswinkel 11, 13, 27, 28, 65, 81, 103.
Phasenverschiebungszeit 12, 65, 81, 103, 130.
—, relative 66, 82, 103.
Phasenverzerrung 57, 65, 82, 130.
Phasenwinkel 11, 13.
PHILIPS 98, 125.
photoelektrische Hilfsmittel 6.
piezoelektrischer Effekt 7, 54, 123.
piezoelektrisches Verfahren 94.
potentiometrisches Verfahren 7.

Quarz 7.

RATZKE, J. 114.
Reduktion der Massen 51.
Regelanlagen 46.
Reibung, feste 22.
Reibungsfesselung 121, 137.
Reibungskraftmethode 42.
Relativdämpfung 38.
Resonanzschwingungsmesser 91.
Resonanzwerte 22.
REUTLINGER, G. 98.
Ritzgeräte 4, 6.
Ruckmesser 1, 96, 120.
Rückführkräfte 19.
Rückstellkräfte 19.
RUNGE, C. 10.

Schaltungen, differenzierende 124.
—, integrierende 124.

Schleifenoszillograph 5.
Schwingdauer 9.
Schwinger, elastische 19.
—, quasi-elastische 19.
Schwingkontaktwaage 47.
Schwingungen, abklingende 10, 21, 24.
—, anwachsende 10.
—, aufschaukelnde 10.
—, erzwungene 23.
—, freie 19.
—, harmonische 9.
—, periodische 9, 17.
—, stationäre 10.
Schwingwegmesser 77.
Schwingzahl 10.
Seignettesalz 7.
Seismographen 86.
SIEBER, E. 89.
Spannungsmesser 89, 113.
STEUDING, H. IV, 86.
STIEGLITZ, A. 89.
Störfrequenz 24.
Störfunktion 131.
Störkraft 23.
Stoßhaftigkeit 46.
Stoßmessung 138.
Stoßzeit, endliche 143.

Tastgeräte 115.
Tastfühler (Bosch) 115.
Tastschwingungsschreiber (Askania) 5, 115.
Telefonmembran 2, 51, 70.
THOMÉ, W. 46.
Tonfrequenzspektrometer 2.
Torsiograph, Geigerscher 89.
Torsionsindikator, Föttingerscher 91.
Trägerfrequenzverfahren 7, 47, 114.
Trägheitskraft 23, 27, 45.
Treue der Anzeige 54, 59, 125.
TRIEBNIG, K. 140.
Turmalin 7.

Übersetzung 53, 59.

Vektor, umlaufender 15.

Vergrößerung, statische 54.
Vergrößerungsfunktion 27, 100, 111.
Verzerrung 54, 80, 130.
—, allgemeine Definition 128.
Verzerrungsfreiheit 123.
Vibrograph 87, 89.
—, Geigerscher 5.
VIEHMANN, H. 44.
Voreilwinkel 12, 30.

Wachspapier 5.
Wegamplitude 19.

Wegmesser 3, 79, 101, 120.
— mit Festpunkt 131.
Wegmessung 122.
WEILER, A. IV, 91.
WILLERS, FR. A. 10.
Wirbelstrombremse 21.

Zahlen, komplexe 15.
Zelle, lichtelektrische 6.
ZELLER, W. 128.
ZÖLLICH, H. 31, 58.
Zungenfrequenzmesser 56.

MIX
Papier aus verantwortungsvollen Quellen
Paper from responsible sources
FSC® C105338

If you have any concerns about our products,
you can contact us on
ProductSafety@springernature.com

In case Publisher is established outside the EU,
the EU authorized representative is:
**Springer Nature Customer Service Center GmbH
Europaplatz 3, 69115 Heidelberg, Germany**

Printed by Libri Plureos GmbH
in Hamburg, Germany